村庄体系重构规划研究

陈有川　尹宏玲　张军民　著

中国建筑工业出版社

图书在版编目（CIP）数据

村庄体系重构规划研究/陈有川等著．—北京：中国建筑工业出版社，2010.10
ISBN 978-7-112-12358-2

Ⅰ．①村…　Ⅱ．①陈…　Ⅲ．①乡村规划-研究-中国　Ⅳ．①TU982.29

中国版本图书馆CIP数据核字（2010）第158287号

责任编辑：徐　冉
责任设计：李志立
责任校对：马　赛　陈晶晶

村庄体系重构规划研究
陈有川　尹宏玲　张军民　著
*
中国建筑工业出版社出版、发行（北京西郊百万庄）
各地新华书店、建筑书店经销
北京千辰公司制版
北京建筑工业印刷厂印刷
*
开本：787×1092毫米　1/16　印张：11　字数：265千字
2010年9月第一版　2010年9月第一次印刷
定价：**36.00**元
ISBN 978-7-112-12358-2
（19597）

前言

2007年，胶南市规划局委托笔者研究市域村庄布点问题，引起了课题组对村庄体系重构规划的关注。2008年，课题组申报的《县（市）域村庄体系重构研究》获得山东省中青年科学基金资助，使得笔者有条件就村庄体系重构问题继续研究下去。

笔者研究中进一步发现：随着城市化进程的推进，村庄体系重构将成为我国社会经济发展中的重要事件。这不仅关系到新农村建设的健康进行，而且影响着城乡统筹发展的顺利实现。因此，科学编制村庄体系重构规划意义重大。

根据城乡建设发展的需要，本书按照“放眼于县域，整体思考；行动于乡镇，分类指导”的原则，就村庄体系重构规划中的关键问题——村庄人口预测、保留村庄选择和村庄整合实施展开了系统探讨，突出了定量分析方法在以上环节决策中的应用。

全书共分5章：第1章阐述了村庄体系重构的时代背景和研究进展，指出了村庄体系重构规划中面临的关键问题；第2章提出了乡村人口规模预测的思路，探讨了乡镇发展能力评价、城市化水平预测和乡村人口规模预测方面的方法；第3章研究了村庄特征区域划分、村庄人口规模和等级设定、村庄综合发展评价方面的方法，归纳了村庄空间布局模式，明确了保留村庄选择方法；第4章讨论了村庄整合的规划应对和运作谋划，介绍了村庄整合的典型案例；第5章以胶南市村庄体系重构规划为例，对上述方法的应用进行了详细介绍。

本书的第1章由陈有川完成，第2章由尹宏玲、陈有川合作完成，第3章由陈有川、尹宏玲合作完成，第4章由陈有川、张军民合作完成，第5章由张军民、尹宏玲合作完成。

由于笔者水平有限，书中错误或不当之处在所难免，希望读者不吝批评、指正。

陈有川

2010年8月

目录

第1章 概述

城市化发展到一定阶段，在内外部多种因素的作用下，由于对村庄采取迁移、合并、保留等措施而导致村庄总体数量、规模结构、等级结构和空间分布发生巨大变化，称之为村庄体系重构。通常，把撤销村庄、迁移村庄、合并村庄简称为“迁村并点”或者“村庄整合”。可见，村庄体系重构是村庄整合的必然结果。

1.1 村庄体系重构的时代背景

随着我国城市化高速稳定的发展，城乡建设用地增减挂钩政策试点的运行，农业现代化进程的推进和社会主义新农村建设的开展，村庄整合进入新的历史发展阶段，编制村庄体系重构规划的时机逐渐成熟。

1.1.1 城市化高速稳定发展

2009年9月，国家统计局在《新中国60周年系列报告之十：城市社会经济发展日新月异》中指出，新中国成立后我国城市化发展经历了四个阶段：1958～1965年为城市化波动较大阶段，1966～1978年为城市化停滞发展阶段，1979～1991年为城市化快速发展阶段，1992年以来为城市化稳定发展阶段。

1992年以来，我国城市化的稳定发展是维持在高增长率上的稳定发展，城市人口增长规模和乡村人口减少规模都可谓巨大。到2008年底，全国城市化水平为45.68%，比1991年提高了18.74个百分点，平均每年增长1.04个百分点；城镇人口为60667万人，比1991年增加了29464万人，平均每年增加1636.88万人；乡村人口为72135万人，比1991年减少了12485万人，平均每年减少693.61万人（表1-1）。

1991～2008年全国城镇、乡村人口统计表 **表1-1**

年份	城镇人口		乡村人口	
	人口数（万人）	比重（%）	人口数（万人）	比重（%）
1991	31203	26.94	84620	73.06
2000	45906	36.22	80837	63.78
2001	48064	37.66	79563	62.34
2002	50212	39.09	78241	60.91
2003	52376	40.53	76851	59.47
2004	54283	41.76	75705	58.24
2005	56212	42.99	74544	57.01
2006	57706	43.90	73742	56.10
2007	59379	44.94	72750	55.06
2008	60667	45.68	72135	54.32

资料来源：中国统计年鉴2009。

随着我国乡村人口的大规模外迁，一方面，“空心村”问题越来越普遍、越来越严重，导致乡村建设用地闲置与城市建设用地紧缺的矛盾日益突出；另一方面，村庄人口规模不断减少，不仅容易造成农村建设资金投入过于分散，而且难以达到多数生活服务设施的最小规模，不利于改善农民生产、生活条件。因此，高速而稳定的城市化为村庄整合及其体系重构带来了强烈的内在需求。

1.1.2 “挂钩”政策试点运行

我国城市化和工业化的快速发展，不仅使得城镇建设用地需求日益膨胀，而且造成农村建设用地浪费现象越来越重，还引发城乡建设用地同步增长，这给我国耕地保护工作带来了巨大压力。为了解决“吃饭”和“建设”的问题，我国选点实施“城乡建设用地增减挂钩”政策（下面简称“挂钩”政策），即城镇建设用地的增加与农村建设用地的减少相挂钩，使耕地总量保持不变。

2008年6月，国土资源部下发了《城乡建设用地增减挂钩试点管理办法》，进一步明确了挂钩政策的内涵：“依据土地利用总体规划，将若干拟复垦为耕地的农村建设用地地块（即拆旧地块）和拟用于城镇建设的地块（即建新地块）共同组成建新拆旧项目区（以下简称项目区），通过建新拆旧和土地整理复垦等措施，在保证项目区内各类土地面积平衡的基础上，最终实现增加耕地有效面积，提高耕地质量，节约集约利用建设用地，城乡用地布局更合理的目标。”

村庄整合过程中，农村基础设施建设、居民拆迁补偿与建设用地整理都需要大量资金，如果整理后的大部分土地用于农业耕作，那么资金回笼周期太长，地方政府没有能力也不愿意大力开展农村建设用地整理（林建平等，2008）。因此，村庄整合面临缺乏大量外部资金注入的困境。“挂钩”政策使村庄整理出的土地由资源变成资产，政府可以从城乡土地的巨大差值获取收益，并将部分收益专项用于农村基础设施建设、居民拆迁补偿和建设土地整理，从而破解村庄整合中的资金短缺问题，促进了城乡良性互动发展。可见，“挂钩”政策将对村庄整合产生巨大的外部推动作用。

1.1.3 农业现代化急需推进

改革开放30多年来，在制度变革和技术变迁的共同作用下，我国农业从低水平起步，历经困难和曲折，逐步走上了平稳较快发展的道路，农业生产条件、农业科技、产业化经营、劳动力素质都得到明显提高，正在从传统农业向现代农业迈进。但是，我国农业现代化水平仍大大低于工业化发展水平，亟须加快推进农业现代化进程。

不论是从农业现代化对土地规模经营的强烈需求来讲，还是从与我国要素禀赋颇为相似的日本的农业现代化经验来看，深化耕地制度改革，发展家庭适度规模经营，都是推进我国农业现代化的首要途径（卢荣善，2007）。

发展家庭适度规模经营，首先将加快农村剩余劳动力增长速度，造成农村人口急剧减少、空闲农宅快速增多，从而增强了村庄整合的紧迫性；其次，发展家庭适度规模经营迫切要求推行农村土地整理，使地块大小适合农机具耕作，尤其是粮食作物和经济作物的耕作。目前，我国农村土地零碎化现象十分普遍，农地整理与村庄整合同步进行效果将会更好，这又将会增大村庄整合的力度。

1.1.4 新农村建设如火如荼

2005 年 10 月，党的十六届五中全会提出按照“生产发展、生活富裕、乡风文明、村容整洁、管理民主”的要求，扎实推进社会主义新农村建设。五年来，新农村建设成绩斐然，但教训也颇为深刻。

首先，新农村建设不能搞平均主义，要区别对待不适宜居住、规模过小、即将被城市化和长期保留等不同类型的村庄。否则，会造成因建设投资过于分散而效率低下，严重影响村民建设新农村的积极性。其次，新农村建设不能经济利益至上，要协调经济增长与环境保护、近期建设与远期发展的关系，否则会造成社会财富的巨大浪费。例如，经济发达地区出现的“农宅公寓化”现象，虽然能够发挥节约土地、扩大农村内需的作用，但农村人口总是在不断减少，按现有农村人口规模建设起来的公寓将来空闲出来的给谁住？由此造成的资源破坏和资金浪费又有多少？因此，在新农村建设如火如荼之时，必须重视村庄整合研究，以科学、合理的村庄体系重构规划为行动指导，不能急功近利，更不能盲目蛮干。

1.2 村庄体系重构的研究进展

1.2.1 国外相关研究与实践

发达国家农村建设与发展是在高度城市化条件下进行的，关于村庄整合及其体系重构规划的专题研究较少，仅有少量文献介绍了村庄改造中关于设施建设和土地整理方面的实践经验。对我国村庄体系重构来说，借鉴意义较大的有日本的市町村合并、韩国的新农村运动、德国的土地整理与村庄革新。

(1) 日本的市町村合并

日本在实现农村社会管理与经济发展的现代化过程中，曾经多次运用了减少市町村数目的“市町村合并”手段（焦必方，孙彬彬，2008）。

1) 日本市町村合并的历程

1886 年，日本明确提出要在全国范围内普及小学义务教育。当时，日本把町村规模确定为建立一所小学所需要的人口规模，规定每一町村户数为300~500户，并在全国范围内实施町村合并。结果，日本的町村数由1888年的71314个迅速减少到1889年的15820个，并在日本历史上首次形成了39个市。鉴于这次市町村合并的时间短、数量多、影响大，日本历史上称之为“明治大合并”。

1953年，日本制定了《町村合并促进法》，提出根据建一所初级中学最有效的区域人口规模为8000人的设想，为町村制定了人口规模标准。《町村合并促进法》作为时限法，有效期为3年。1956年到期时，日本市町村数由9868个减少为3975个，其中町村约减少了6000余个。1956年，为继续推进市町村合并，日本又实施了《新市町村建设促进法》。1961年，日本全国的市町村数已降为3472个。1953~1961年的市町村合并，日本历史上称之为“昭和大合并”。

1965年，日本出台并实施“关于市町村合并特例的法律”。法律规定对市町村的自主合并行为继续予以支持，但也强调要稳定地方自治制度。于是，从1970年至2000年的30年间，日本全国的市町村数变化不大，仅从3280个降为3229个，总共减少了51个。2000年后，日本市町村合并的速度又有所加快，2000~2007年的短短几年中，日本市町村总数由3229个降为1804个，减少了1425个。2007年，日本的市、町、村数分别变为782个、827个和195个。进入21世纪后的这次市町村合并高潮，日本历史上称之为“平成大合并”。

日本的市町村合并已经进行了120多年，经历了“明治大合并”、“昭和大合并”和“平成大合并”三个时期，可见村庄体系重构是一个历史过程。实践表明，日本的市町村合并有效地增强了地区经济实力、降低了政府管理成本、提高了行政管理的规模效应、扩大了社会公共设施的覆盖面、适应了经济发展的阶段性变化、拓展了市町村区域范围。

2）日本市町村合并的形式

在最近的“平成大合并”中，日本市町村合并的形式主要有新设合并和编入合并两种。新设合并又称对等合并，是指全部废除原有市町村建制，形成一个全新的市町村。该合并形式在相同规模市町村间进行合并时比较多见，体现了市町村民的自治精神。

编入合并又称吸收合并，是指在若干个准备合并的市町村中仅保留一个市町村的法人资格，其余市町村被编入的合并方法。该合并形式，常用于所合并的市町村规模相差较大的时候。

3）日本市町村合并的影响

“平成大合并”对农村建设的主要影响是：大量撤销“村制”地方公共团体，跳跃式推进了农村城市化。

从2007年日本全部195个“村”的区域分布看，地方公共团体中“村”的分布已很不均衡。例如，栃木等13个县已经没有“村制”的地方公共团体，这类县占都、道、府、县数总数的27.7%；而宫城等21个县仅留有1~4个“村”。

日本在农村城市化过程中，除部分“市”，如东京都三鹰市在经济发展及外来人口引进的影响下，由“村”演化为“町”，又由“町”演化为“市”外，相当一部分“市”的形成是通过市町村合并而形成的。因此，市町村合并是日本提升农村城市化水平的重要途径。

（2）韩国新农村运动

韩国新农村运动是20世纪70年代初开展的一项社会性运动，其主要目的是要通过发展农业，解决人们的温饱问题和谋求社会的和谐发展；核心内容是“建设和谐满意的共同体(集体)”，即建设不但在物质上而且在精神上也能够使社会成员感到满足的农村社会；基本建设目标为：改善农民生活条件和乡村环境、密切城乡和工农关系、建设文明社会和值得国民骄傲的国家（曹彰完等，2006）。

1）韩国新农村运动的历程

韩国新农村运动大致可划分为基础建设阶段、扩散阶段、充实和提高阶段、国民自发运动阶段、自我发展阶段。

① 基础建设阶段：1970~1973年

在基础建设阶段，韩国主要通过修理房屋、厨房、厕所，修筑公路、围墙、澡堂，改良作物、蔬菜、水果来改善农民居住条件和生活环境。

② 扩散阶段：1974~1976年

在扩散阶段，韩国主要进行农田水利建设和改造、修建房屋、发展多种经营、对新村建设指导人员进行培训、普及农业技术和教育，以此来发展生产和提高农民收入。

③ 充实和提高阶段：1977~1980年

在充实和提高阶段，韩国注重加强区域合作，重点发展畜牧业、农产品加工业和特色种植业，并为广大农村提供各种建材，支援农村住宅和农工开发区建设。该阶段使农村经济得到了较快发展，城乡差距在逐步缩小。

同时，韩国开始进行了农村聚落结构的重新布局。合型村（相当于我国的村庄整合）的布局方式以主要村庄为中心，将邻近的分散村庄合并在一起，共享公共服务设施，改善了居民生活环境和交通设施。

④ 国民自发运动阶段：1981~1988年

在国民自发运动阶段，政府只是通过制订规划，提供财政和技术，调整农业结构，进一步发展多种经营，大力发展农村金融，改善农民生活和文化环境。此阶段，农民生活水平和收入已接近城市居民。

⑤ 自我发展阶段：1989 年之后

在自我发展阶段，韩国政府的作用逐步弱化，主要致力于道德建设、法制教育以及带有自发性质的各种农业推广。该阶段教育培训机构得到发展，农村人口所占比例不断下降，韩国经济结构逐步升级。

2）韩国新农村运动的效果

① 农民收入有了较大提高

韩国新农村运动突出成就在于农村居民的收入水平有了较大幅度的提高，城乡收入差距明显缩小。1970 年韩国农户年人均收入 137 美元，1978 年农户年人均收入增加到 649 美元。进入 1990 年代以后，韩国的农业与农村经济发生了巨大变化，农村居民和城市居民的收入差距进一步缩小。1993 年韩国农村居民的收入已达到城市居民的 95.5%，到 2004 年韩国人均 GDP 已跃升至 1.4 万美元。

② 农村基础设施得到改善

新农村运动一开始，韩国大部分农村都组织实施了修建桥梁、改善公路的工程。1971～1975 年间，韩国农村共架设 65000 多座桥梁，各村都修筑了宽 3.5m，长 2～4km 的进村公路。到 1970 年代末，基本实现了村村通车，极大地改善了韩国农村地区的交通状况。同时，新农村运动兴修了灌溉设施和排水沟等生产性基础设施，为发展农业生产发挥了巨大作用。

③ 农民生活条件得到改善

1971 年韩国 80% 的农户住在茅草屋内，1977 年全国所有农民都住进了带有瓦片和铁片房顶的屋内，目前韩国农村农户基本都已住进了设计新颖、舒适方便的砖瓦房。20 世纪 60 年代末，韩国大约只有 20% 的农户使用电灯，到 1978 年有 98% 的农户已用上了电灯。1980 年代，韩国新农村普及了井管挖掘机，农民汲取地下水饮用，农村的饮水条件进一步得到改善。1990 年代后，韩国农村电气化进程不断推进，家电得到了普及。

3）韩国新农村运动的启示

① 高瞻远瞩、科学规划

从韩国经验看，新农村建设经历了五个阶段，每个阶段的发展目标、建设重点和持续时间均不相同。韩国根据当时农村实际情况和经济特点，做出相应的发展规划，促进了韩国农村经济发展和建设面貌的改善。我国人口众多、地域辽阔、地貌多样，地区间发展不平衡，为此新农村建设不能按照一个模式在全国开展，应该因地制宜地做好长远规划，有步骤、有计划、分阶段进行。

② 多方动员、全力以赴

韩国在新农村运动过程中，政府财政对农村的投入比重并不是很大。但是，政府非常重视动员全社会关注农村和支持农村建设，警察、教师、邮差、地方军队等在国家的动员下，都支持农村建设，形成了“各行各业支持农业”的社会氛围。

③ 因地制宜、分类指导

根据各村农民自己出资、提供劳动力、相互配合作业的能力，以及提高生产率、开发工业品等方面的表现，将全国村落划分为基础村、自助村和自立村。参与程度最低的叫基础村，参与程度最高的叫自立村。为了刺激基础村，政府的支援物资只分配给自助村和自立村。村庄要争得政府的支援，居民就必须举办自助事业。基础村经过努力可以升入自助村、自立村，从而获得更高水平的财政支持。

对于不同类型的村落，实施不同的项目、采取不同的政策加以支持。基础村，应继续改善生活环境、培育自助精神；自助村，重点改良土壤、疏通河道，改善村镇结构、发展多种经营、扩大农业收入；自立村，主要发展乡村工业、畜牧业和农副业，鼓励和指导农民采用机械化、电气化、良种化等先进技术，制定生产标准、组织共同耕作，建立标准住宅，修建简易供水、通信和沼气等生活福利设施。

（3）德国土地整理与村庄革新

1988 年，德国巴伐利亚州政府制定了《巴伐利亚州通过土地整理与村庄更新促进农村发展的纲要》，提出土地整理的目标是：节省农业、林业经营管理的费用，通过粗放的耕作或将农用地转变成其他用地以避免农业生产过剩；通过村庄更新和支持基础设施建设促进农村发展；明确村庄更新的任务是：消除不合理的建筑物、地块，改善交通状况，以确保农场未来的发展，改善居民的生活和工作条件（徐雪林等，2002）。

1）巴伐利亚州土地整理的类型

巴伐利亚州的土地整理类型，包括常规性土地整理、简化土地整理、项目土地整理、快速土地合并和自愿土地交换五种。

① 常规性土地整理

常规性土地整理的目标是改善农林业经济的生产和作业条件，并促进土壤改良和土地开发。通过全面重新安排不动产、整顿和修建道路网、更新村庄、兴修水利以及实施各种土壤保护、自然保护、景观维护的措施来实现整理目标，并在整理过程中协调不同参与主体的权益，尽可能为乡村地区的发展和进步创造有利条件。

② 简化土地整理

简化土地整理能够缩短整理时间，减少土地的扣除，特别是降低所需费用。因此，它特别适用于已进行了土地整理但需要进一步合并土地的地区，也可用于与公共工程项目相联系的用地调整。简化的土地整理项目可以在几个村庄、乡镇的一小部分，甚至独立居民点的范围内进行，也可以在已经完成土地整理的乡镇进一步归并地产，以便改善农林经济的生产和作业条件。

③ 项目土地整理

项目土地整理目标体现在以下三个方面。首先，通过土地整理将在公路、铁路、水利等基础设施建设项目中被征用的土地分摊给较大范围内的地产所有者负担；其次，消除或减轻农业用地耕作条件方面存在的缺陷；最后，实施建设项目土地征用计划，避免强制性征购土地。

④ 快速土地合并

实施快速土地整理的前提有两个：一是，已经存在完善的道路网络，不需要重新修建道路；二是，不需要进行大规模的水利设施建设，包括灌溉设施和排水系统。因此，快速土地合并的目标是尽快改善农林经济中的生产和作业条件，为实施自然保护和景观保持创造条件。

快速土地合并由农村发展管理局批准立项，其范围一般局限于只涉及地产所有者的地产或部分地产，不包括居民点建筑物，也不需要辅助的道路和水利建设措施。

⑤ 自愿土地交换

自愿土地交换的目的包括两个：一是，改善农业土地利用条件，用快速、简化的方法合并农用土地；二是，为自然保护和景观保持创造条件。它适合于在个别地产主之间要消除零碎地块、没有建设项目、只需少量测量工作的情况。

2）巴伐利亚州土地整理的启示

① 倡导土地整理与村庄革新相结合

经济、人口、资源和环境的协调发展是农村问题的核心，也是地方政府和民众的利益所在。只有把土地整理与以此为目标的村庄改造工程结合起来，才能调动地方和民众的积极性，使土地整理建立在民众自觉参与和民主监督的基础上。德国巴伐利亚州地区以土地整理、村庄革新为代表的农村改造工程，在推动农村发展和环境整治上能取得明显成效，都与这两者的紧密结合有关。

我国在全国范围也开展了一大批土地整理工程，但从实施的情况看，整理目标和实际成效往往仅限于经济发展，没有将农村综合发展的目标、内容与空间组织、管理融为一体。因此，借鉴德国巴伐利亚州的经验，将土地整理与村庄革新相结合，才能够真正推动农村发展。

② 强调对自然景观和生态环境的保护

德国巴伐利亚州通过乡村土地整理改善了乡村的生态环境，并保护了其原有自然景观的成功实践，尤其值得我们学习。我国的土地整理虽然已经取得了一定的成效，但目前大多数地区土地整理的主要目标还是增加耕地数量，仍未全面进入以提高乡村生活环境质量为主要目标的阶段。土地整理过程中，在对自然景观和生态环境的保护与建设上，与德国巴伐利亚州相比，还存在着一定的差距。

③ 重视公众参与

土地整理是一项涉及面广、政策性强、技术含量高的系统工程。针对我国土地整理的特殊背景，应当合理借鉴国外公众参与的先进经验，在实际工作中重视村民的意见，对重大事件的决策和执行采取公开、公正、民主的工作方式。通过公众的参与，使其能够将切身经验和愿望纳入整理项目的决策中，一方面调动了其参与土地整理的积极性，另一方面也使项目的规划更加科学合理，符合当地的实际情况。因此，重视公众参与是我国土地整理项目实施过程中不容忽视的一个重要方面。

1.2.2 国内相关研究与实践

1998 年，李新在国内最早开展了村庄体系重构规划研究，对村庄布点的原则、任务和布局方式进行了初步探讨。随着社会主义新农村建设的兴起，编制村庄体系重构规划的必要性日益明显，北京市率先编制村庄体系重构规划，其他各大城市紧随其后。下面从村庄整合和村庄体系重构两个方面对国内研究与实践进行评述。

（1）村庄整合研究文献

村庄整合方面的研究成果，主要集中于村庄整合类型、机制、政策设计三个领域。

1）村庄整合类型研究

村庄整合类型研究主要是根据村庄现状条件与未来发展潜力，划分出不同的村庄类型，并根据各类村庄特点提出相应的整治、迁并办法。

杨峥屏等（2007）提出根据村庄的区域位置、发展动力、建设条件和现状问题等，把大城市区域内的村庄在发展路径上分为产业园区带动型、郊区化房地产带动型、城市综合改造型、农业产业服务型和旅游业带动型五种类型。

邓勇（2007）以宁波市鄞州区村庄布局规划为例，将全区村庄划分为城市型、扩展型、保留型、撤并型和特色型五种，以引导村庄居民点由分散向集约发展。城市型村庄，指处于城镇规划建设用地范围内的自然村，要加快实现此类村庄的城市化；扩展型村庄，指确定的中心村，要改善此类村庄的基础设施和服务设施；保留型村庄，指允许就地改造但限制其建设规模扩张的村庄；撤并型村庄，指需要撤并搬迁的村庄；特色型村庄，指具有地方特色、历史价值的村庄。

马雪金（2008）根据村庄规模大小、基础条件、地理位置、经济状况和经济差异等内容，把村庄改造方式归纳为拆迁式改造、梳理式改造、移民式改造和拆违整合式改造四类。

樊尚新（2009）在对村庄布局内容研究的基础上，根据村庄自然条件、现状条件、城镇化、产业化发展以及设施条件，将村庄划分为城镇化型、控制建设型、集聚发展型、移民迁建型和合并组建型五种类型。

2）村庄整合机制研究

在规划实践中，学者们分析了不同视角下村庄整合机制。如陈有川等（2009）从城镇化角度，提出了城镇化导向下村庄整合的新思路，并在村庄发展评价体系中，通过构建村庄城镇化能力指标体现城镇化对村庄整合的影响。张军民等（2009）基于“城乡建设用地增减挂钩”政策，从城乡建设用地空间置换的视角，论述该政策对村庄迁并、整合带来的契机，并以高密市阚家镇为例进行了应用研究。

3）村庄整合政策研究

针对不同地区、不同类型村庄的发展特点，学者们提出了相应的村庄整合实施政策与保障措施。曹大贵等（2002）以南京市郊县冶山镇为例，指出村庄合并规划的实施应该强化规划的宣传解释和执法管理，保证规划的连续性，增加资金投入，合理调整行政区划和土地使用制度。

仇保兴（2006）提出开展村庄整治必须做到五个先行，分别为编制村庄整治规划和落实管理机构要先行，历史文化名镇名村评选要先行，自下而上明确整治重点的工作要先行，确立长期行动计划和试点示范要先行，形成部门联动、上下反馈的制度要先行。同时，村庄整治过程中要建立五种新机制：“农民自主整治养护、多方持续帮扶”等多种长效机制，统一规划、各方参与、城乡联动、持续帮扶的长效机制，村庄整治从规划、建设到管理上下联动、左右协调的协同机制，长期稳定的城乡财政转移支付的投入机制，科学的、稳定的、分阶段的奖励评价机制。杨细平（2007）提出村庄整治过程中通过规范市场参与、鼓励村民参与、制定维护规章制度等方式促进村庄公共设施的建设和维护。

张军民等（2007）以山东省兖州市新兖镇寨子中心村建设为例，指出要实现村庄迁并的集聚效应，首先需要改革户籍制度，使农民在乡村区域中自由流动；其次是完善土地政策，将节约的建设用地指标有偿出让；第三是完善退宅还耕的鼓励政策和原有住宅拆除的补偿机制；第四是通过土地整理建立土地规模经营机制，促进劳动力向第二、三产业转移。

丁琼等（2008）针对“迁村并点”实施中的困境，提出了加快对保留居民点投入、合理改革土地承包权、加快流转农村闲置宅基地、加速处理农村空闲房和做好非保留村庄整治性建设的相关措施，促进村庄布局规划中“迁村并点”的实施。

（2）村庄体系研究文献

村庄体系重构规划方面的研究成果，主要集中于村庄体系的等级结构、空间布局以及保留村庄选择等领域。

1）村庄体系的等级结构研究

目前，村庄等级体系一般划分为建制镇（集镇）—中心村—基层村或建制镇（集镇）—中心村—行政村（自然村）两种类型。章建明等（2005）提出镇以下的农村居民点分为集镇、中心村和基层村3类，其中县（市）域中心城市市区一般不包含集镇，而其郊区仍可包含中心村、基层村两个层次，当然也可仅包含基层村一个层次，甚至没有村庄地域。刘科伟等（2008）在陕西省凤翔县县域村庄布局规划研究中，根据县域村庄现状体系结构、职能和规模特征以及村庄发展需求，将县域内村庄划分为建制镇—中心村—一般行政村—自然村，或集镇（乡政府驻地）—中心村—一般行政村—自然村四个等级。樊尚新（2009）以陕西省商洛市商州区为例，指出村庄体系规划为衔接上一层次城镇体系规划，同时为使规划更具可操作性，将区内村镇居民点划分为建制镇—中心村—基层村和集镇（乡政府驻地）—中心村—基层村两个等级体系。

2）村庄体系的空间布局研究

针对村庄规模小、布局分散的特点，在村庄整合与体系重构规划实践中，学者们提出了村庄空间布局的不同模式。章建明等（2005）提出中心村、基层村的五种空间关系模型：环状放射型均衡布点、环状放射型非均衡布点、线型均衡布点、线型非均衡布点、混合型布点。申翔（2008）通过对江苏省村庄的实地踏勘与抽样调查的基础上，提出未来村庄类中心地的布点模式，应以交通条件为基础，在一定区域范围内均匀分布，点与点之间的距离为两倍的耕作半径，聚居点规模与耕作半径正相关。同时，他强调未来村庄的基本结构为类似田园城市模式。陈有川等（2009）提出了村庄体系布局模式有分散布局、集中布局和混合布局三种，并指出分散布局模式多出现在农业地区，集中布局模式多出现在工业经济地区，混合布局模式多出现在农业和工业经济混合的地区。

3）保留村庄的选择方法研究

在保留村庄选择上，有些学者通过综合分析村庄发展各种因素来定性地确定保留村庄。例如李海燕等（2005）以长安子午镇为例，指出中心村的选址要考虑以下因素：依靠原有村落，方便基础设施共享，保证生产生活便利，不占或少占耕地，与集镇或中心镇有便捷联系，确保合理的耕作半径。有些学者通过构建村庄发展评价指标体系，借用数理统计进行定量分析确定保留村庄。例如陈有川等（2009）以胶南市灵山卫为例，构建了以村庄城市化能力与村庄搬迁成本定量分析为基础，以村庄空间布局模式为参照的城市化导向的保留村庄选择的新思路。

1.2.3 研究与实践中存在的问题

（1）村庄整合研究视角缺乏综合性

村庄整合是在城镇化、农业现代化、城乡建设用地“增减挂”政策以及新农村建设等多因素共同作用下进行的，但是现有成果或者从城镇化导向下研究村庄整合，或者从城乡建设用地“增减挂”角度研究村庄整合，或者从新农村建设角度研究村庄整合，研究视角过于单一。它们不仅忽视了农业生产现代化、生态环境保护和历史文化传承等因素对村庄整合的影响，而且没能从多种视角去综合审视村庄整合的运行机制。

(2) 村庄人口配置研究缺乏动态性

在县域经济日趋一体化的背景下，行政区划在约束村庄人口流动方面的作用日趋减弱，村庄人口主要围绕产业布局进行迁移，人口流动的规模和范围明显增大，亟须加强对村庄人口分配的动态研究。当前，村庄体系规划中把县域农村总人口分配到各乡镇中去的方法，尽管考虑了各乡镇人口自然增长趋势、经济发展水平和综合发展潜能等因素，但是仍然对村庄人口跨越乡镇界线流动估计不足，或者都考虑吸引周边乡镇人口迁入而造成人口规模重复计算，因而与现实情况出入太大。

(3) 保留村庄选择方法缺乏科学性

目前选择保留村庄多是从耕作半径、村庄人口规模、行政管理习惯等方面进行简单比较来确定的，考虑的影响因素尚不够全面。即使少数研究考虑了村庄发展的各种影响因素，也多以采用定性分析方法为主。但是，县域村庄体系规划中的村庄动辄上千个，村庄发展评价所涉及的数据十分庞大，仅靠定性分析难以客观地作出选择，必须借助定量分析方法才能科学地反映不同影响因素的作用。

(4) 村庄体系重构规划缺乏可操作性

村庄体系重构规划实践中，普遍存在重视目标建构而忽视实施研究的问题。大多数规划成果在村庄迁并结果、等级结构、规模结构、发展策略、配套设施等方面做得较好，但是在村庄整合的速度设定、用地控制、特色延续、公寓式住区引导等方面存在不足，即“提出了要做什么，却没提到怎么去做”。

(5) 村庄空间分布模式研究有待深入

随着农业现代化水平的提高，农民职业多元化的加剧和乡村交通条件的改善，乡村居民点分布已经从以耕作半径主导的均质分布模式开始分化。归纳经济发达地区乡村居民点空间分布模式，识别不同模式形成的条件，分析不同模式整合的影响，可为今后合理选择村庄空间分布模式提供参考。

1.3 村庄体系重构规划中的关键问题

村庄体系重构的主要内容为确定保留村庄数量、调整村庄空间分布、优化村庄等级结构、区分村庄发展类型、配备村庄公共服务设施和市政工程设施，以及实施村庄整合等，其关键问题是合理把握村庄整合力度、科学选择保留村庄和有效导控村庄整合运行。

（1）怎样把握村庄整合力度

村庄体系重构规划中，首先回答的问题是怎样合理确定村庄整合力度。村庄整合力度可用村庄迁并率来表示，指迁移、合并的村庄数量与现有村庄总数的比值，它受到规划末期村庄人口总量、等级结构和规模结构等因素的影响。所以，要合理把握村庄整合力度，必须科学预测村庄人口总量，合理确定中心村、基层村人口规模，精心研究中心村与基层村的比例。

（2）怎样科学选择保留村庄

村庄体系重构规划中，最为核心的问题是怎样科学选择保留村庄。为此，要在系统分析村庄整合动力机制的基础上，区分出企业发展导向型、"增减挂钩"导向型、环境改善导向型和城市化导向型村庄整合，建构综合反映各影响因素的定量分析方法，明确便于体现村民意愿的决策程序，选择出满足农业现代化需求、考虑村民经济承受能力、倡导节约集约利用建设用地、改善村民生产生活环境的村庄体系，并配备相应的公共服务设施与市政工程设施。

（3）怎样引导村庄整合运行

村庄体系重构规划中，常常忽略的问题是怎样有效导控村庄整合运行。然而，规划不仅要提出发展目标而且要安排实现目标的行动。因此，村庄体系重构规划必须涉及村庄整合速度设定、村庄建设用地控制、乡村文化特色延续、公寓式农村住区引导和村庄整合过程性应对等问题。其中，村庄整合的过程性是指村庄整合不可能一蹴而就，应在城市化进程中不断加大整合力度，逐步提高建设标准，避免重复投资。

参考文献

[1] 曹绍甲，李显书．城乡建设用地增减挂钩政策解读［J］．法制与社会，2009（10）：290-291.

[2] 李旺君，王雷．城乡建设用地增减挂钩的利弊分析［J］．国土资源情报，2009（4）：34-37.

[3] 林建平等．城镇建设用地增加与农村建设用地减少挂钩的探讨［J］．江西农业大学学报（社会科学版），2008（1）：104-106.

[4] 包宗顺．国外农业现代化借鉴研究［J］．世界经济与政治论坛，2008（5）：112-117.

[5] 卢荣善．经济学视角：日本农业现代化经验及其对中国的适用性研究［J］．农业经济问题，2007（2）：95-100.

[6] 焦必方，孙彬彬．日本的市町村合并及其对现代化农村建设的影响［J］．现代日本经

济，2008（5）：40-46.

［7］曹彰完等．韩国新农村运动的经验与启示［J］．世界农业，2006（9）：38-41.

［8］徐雪林等．德国巴伐利亚州土地整理与村庄革新对我国的启示［J］．土地整理与复垦，2002（5）：35-39.

［9］Yang—Boo Choe，Chung—HanLee. Rural Development Strategy of Industrial Society：Choice of Integrated Rural Area Development Approach［M］. 1987. 24-71.

［10］李水山，许泳峰．韩国的农业与新村运动［M］．北京：中国农业出版社，1995.

［11］Bundesministerium füer Raumordnung，Rauwesen und Städtebau. Raumordnung in Deutschland，Bonn，1996.

［12］常江，朱冬冬，冯姗姗．德国村庄更新及其对我国新农村建设的借鉴意义［J］．建筑学报，2006（11）：71-73.

［13］李新．萧山市乡村城市化与村庄布点思考［J］．浙江建筑，1998（3）：4-6

［14］北京率先开展村庄体系规划［Z/OL］. http：//info. upla. cn/html/2006/04-10/1128. shtml.，2006-04-10.

［15］杨峥屏，王磊．新农村建设规划的思考与启示——珠海市三个试点村的实践［J］．规划师，2007（2）：12-14.

［16］邓勇．宁波市鄞州区村庄布局规划探讨［J］．规划师，2007（4）：60-62.

［17］马雪金．把统筹、和谐、经济社会发展一体化落实到城乡规划上——浙江省慈溪市社会主义新农村建设规划编制的若干探索［J］．上海城市规划，2008（5）：11-14.

［18］樊尚新，王莉莉，秦社芳等．陕南山区县域村庄布点规划初探［J］．城市规划，2009（7）：83-87.

［19］陈有川，李剑波，张军民等．城镇化导向下的县（市）域村庄布点规划方法探索——以胶南市为例［J］．山东建筑大学学报，2008（3）：207-211.

［20］张军民，季楠，陈有川．县域村镇体系规划中基层村选择的方法与应用——基于“城乡建设用地增减挂钩”政策下的研究［J］．南方建筑，2009（4）：32-35.

［21］曹大贵，杨山．村庄合并规划研究——以南京市郊县冶山镇为例［J］．地域研究与开发，2002（2）：36-40.

［22］仇保兴．我国农村村庄整治的意义、误区与对策［J］．城市发展研究，2006（1）：1-6.

［23］张军民，冀晶娟．“迁村并点”实践中的启示、问题与对策——以山东省兖州市新兖镇寨子中心村建设为例［J］．和谐城市规划——2007 中国城市规划年会论文集，2007：2395-2400.

[24] 张军民、冀晶娟．“迁村并点”实施成效及其思考——以山东省兖州市新兖镇寨子片区为例［J］．乡镇经济，2009（4）：9-12.

[25] 丁琼，丁爱顺．村庄布局规划中．“迁村并点”实施困境的探讨——以江苏省句容市为例［J］．小城镇建设，2008（10）：51-55.

[26] 章建明，王宁．县（市）域村庄布点规划初探［J］．规划师，2005（3）：23-25.

[27] 刘科伟，南晓娜．西部地区县域村庄布局研究——以陕西省凤翔县为例［J］．开发研究，2008（6）：134-137.

[28] 申翔．江苏省村庄建设与发展调研［J］．城市规划，2006（8）：56-65.

[29] 陈有川，尹宏玲，孙博．撤村并点中保留村庄选择的新思路及其应用［J］．规划师，2009（9）：102-105.

[30] 李海燕等．迁村并点理论与实践初探——以长安子午镇为例［J］．人文地理，2005（5）：59-61.

第2章 乡村人口预测

村庄体系重构规划的首要工作，是确定村庄整合力度、计算保留村庄数量；而确定村庄整合力度、计算保留村庄数量的前提是预测乡村人口。因此，乡村人口预测是编制村庄体系重构规划的基础。

2.1　乡村人口及其预测思路

2.1.1　乡村人口概念界定

在界定乡村人口概念之前，本书首先介绍户籍人口、流动人口、常住人口、县域总人口和城市人口的内涵。

在《城市人口规模预测规程（讨论稿）》(2007）中，户籍人口是指在规划范围内的公安户籍管理机关登记了常住户口的人口。而所谓的规划范围，通常指县域城镇体系规划和中心城区规划所覆盖的空间范围。该类人口不管其是否外出，也不管外出时间长短，只要在某地注册有常住户口，他们就是这一地区的户籍人口。随着人口流动性的增大，我国人户分离现象必将更加突出。

流动人口，是指人在规划范围内的、而户口却在规划范围以外，即规划范围内的非户籍人口。流动人口可以分为流入人口和流出人口两种：流入人口是指在规划范围居住的非户籍人口；流出人口是指离开规划范围到其他地方居住的户籍人口。

常住人口，指已在某地持续居住一定时间以上的人口，包括满足该时限要求的户籍人口和流动人口，时限通常有半年以上、一年以上等不同口径。常住人口规模等于户籍人口数加上流入人口数，再减去流出人口数。

县域总人口，是指生活在县行政管辖范围内的常住人口数，即县行政管辖范围内户籍人口数加上流入人口数，再减去流出人口数。在县域总人口预测中，经常存在忽略各乡镇流出人口的现象——只考虑吸引周边乡镇人口流入本镇，不考虑本镇人口被周边乡镇吸引而流出，造成乡镇人口之间重复计算，导致各乡镇人口预测值之和远大于县域总人口预测值。

城镇人口规模，是指县行政管辖范围内城市和城镇地区的常住人口数量。在城镇规划编制实践中，乡政府驻地集镇的常住人口通常划归为城镇人口。

考虑到我国居民点分为城镇（包括市和建制镇）和乡村（集镇和村庄）两大类，借鉴城市人口定义方法，乡村人口是指县行政管辖范围内分布于非政府驻地集镇和村庄的常住人口，其规模为县域总人口与城镇人口规模之差（图2-1）。

图2-1 基于空间分布的县域人口分类

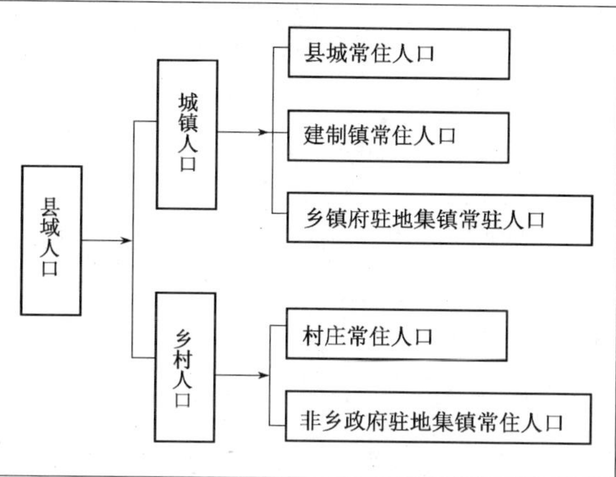

2.1.2 乡村人口预测意义

正如彼得·霍尔所言，人口预测对规划师至关重要，它几乎影响到规划师所要做的其他所有方面的估算，例如住宅计划、汽车拥有量预测和道路面积需求量等。同样，乡村人口预测也影响到村庄体系重构规划的方方面面。

首先，乡村人口预测值是框定规划村庄数量、确定村庄整合力度的依据。在中心村、基层村的人口规模设置标准，以及中心村与基层村比例确定的情况下，根据乡村人口预测值就可以框定规划村庄数量，确定村庄整合力度。

例如某镇现有村庄60个，乡村人口48000人；预测规划末期乡村人口为33000人，中心村人口规模设置标准控制在2000人左右，基层村人口规模设置标准控制在800人左右，中心村与基层村的比例约为1∶4，则规划村庄数量可按下式求得：

假设规划村庄数量为X个，则 $X/4\times2000+3X/4\times800=33000$

$$X=30\text{（个）}$$

该镇保留村庄控制在30个左右，迁并村庄30个左右，村庄整合率为50%。

其次，乡村人口预测值是选择村庄空间布局模式、调整等级结构的依据。因为乡村人口预测值决定了村庄整合力度，而村庄整合力度影响着其空间布局演变和等级结构调整。对于村庄整合力度较小的乡镇，村庄空间布局、等级结构多维持现状；对于村庄整合力度较大的乡镇，通常村庄空间布局会由农业主导型的均衡模式演化为工业主导型的板块模式，村庄等级会由镇——中心村——基层村组成的复杂结构演化为镇——中心村、镇——基层村等简单结构。

2.1.3 乡村人口预测思路

由于乡镇人口规模较小，发展中受外部影响较多，人口流入、流出情况复杂，以乡镇为

图 2-2 乡村人口预测思路框图

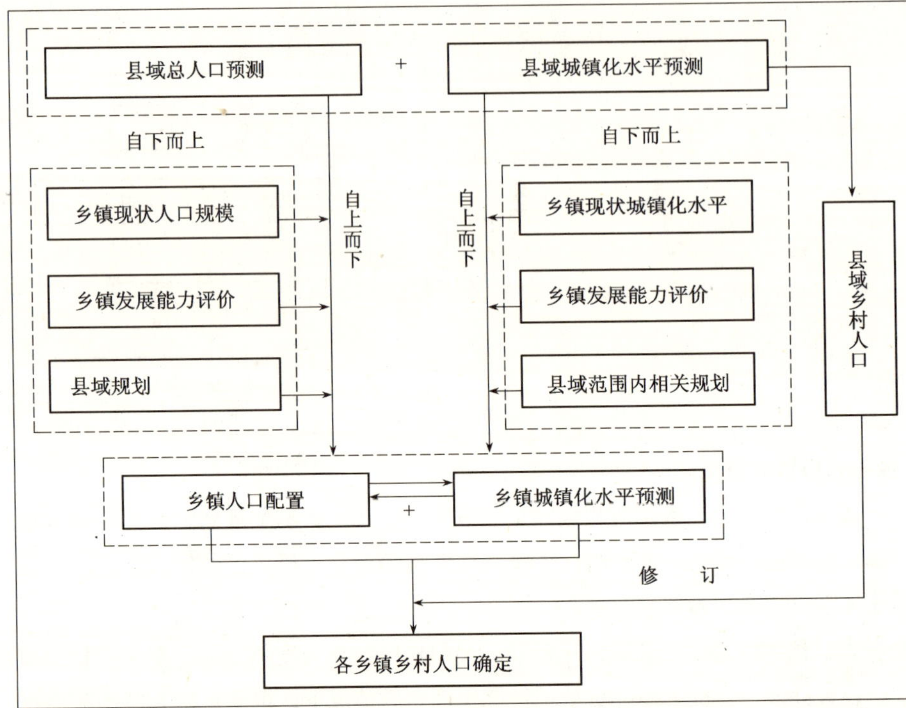

单位预测乡村人口不仅误差较大而且难以反映县域乡镇间发展差异。本书按照“放眼于县域，整体思考；行动于乡镇，分类指导”的原则，以县域乡村人口预测为基础，综合考虑全县发展战略和各乡镇发展能力，形成“自上而下”与“自下而上”相结合的乡村人口预测方法（图 2-2）。

首先，预测县域乡村人口，其规模为县域总人口与城镇人口之差；其次，配置乡镇总人口，主要根据各乡镇人口现状规模、综合发展能力评价，结合县域总体规划，将县域总人口合理分配到各乡镇中；第三，预测乡镇乡村人口，根据各乡镇总人口、城镇化水平初步确定规划乡村人口规模，再用县域乡村人口规模对其进行修订。

2.2 乡镇发展能力评价

管理学上，发展能力（Development Capability）是指企业在生存的基础上，扩大规模、壮大实力的潜在能力。本书中，乡镇发展能力是指乡镇扩大城镇规模、壮大经济实力、提高城镇化水平和质量的潜在能力。

乡镇发展能力，受经济发展、社会发展和环境发展三方面的影响。目前，经济发展既是乡镇发展的主要动力，又是乡镇发展的重要任务。但是，经济发展必须以社会发展为前提，因为社会发展可以为乡镇维持及增强经济发展提供良好的社会环境和“原动力”。例如，教育发展、科技进步形成的社会发展，可以进一步增强乡镇经济发展的竞争力；稳定的社会环境、良好的生活质量和高水平的社会保障，也是维持乡镇经济发展的重要条件。另外，环境发展不仅是形成和维持乡镇经济发展及社会发展的重要条件，而且是现代乡镇发展所追求的更高层次目标，未来乡镇发展的竞争将主要表现为乡镇环境建设与发展的竞争。

乡镇发展能力越强，其人口规模和城镇化水平的增长速度就越快；反之，人口规模和城镇化水平的增长速度就越慢，甚至出现负增长。乡镇发展能力是乡村人口预测的重要因子，它既影响到县域总人口规模预测，又影响到乡镇城镇化水平预测。

评价乡镇发展能力的目的，是为了从全县层面准确地把握各乡镇社会经济状况和城镇化进程，统筹城乡发展、协调乡镇竞争，以便科学预测各乡镇乡村人口和分类指导各乡镇村庄体系重构。评价乡镇发展能力的方法，是通过建构具有代表性、能够客观反映乡镇综合发展的指标体系，定量测度乡镇发展所包含的各个方面，进而系统比较县域各乡镇发展水平和潜能。

2.2.1 乡镇发展能力评价指标

（1）评价指标体系设计原则

为使评价指标体系能准确反映县域各乡镇发展能力，指标体系设计应遵循系统性原则、科学性原则、导向性原则和可操作原则。

1）系统性原则

乡镇发展能力评价涉及若干指标，它们互相联系、彼此制约。有的指标之间有横向联系，反映不同侧面的相互制约关系；有的指标之间有纵向关系，反映不同层次之间的包含关系。

在指标体系设计时，首先，要做到同层次指标之间尽可能的界限分明，避免相互有内在联系的若干组、若干层次的指标体系，体现出很强的系统性。其次，尽量用数量、层次较少的指标体系较全面系统地反映乡镇发展能力的内容，既要避免指标体系过于庞杂，又要避免单因素选择。第三，考虑到同层次指标之间存在制约关系，指标体系应该兼顾各方面的利益。

2）科学性原则

评价指标体系设计的科学性，包含着评价指标选取的科学性和评价方法本身的科学性两重含义。科学的评价指标，一方面是指标的客观性，即所选指标应内涵明确，能客观、全面地反映乡镇发展水平；另一方面是指标数据的客观性，即要保证数据来源的可靠性和准确性。科学的评价方法是指数据的选取、权重的确定、计算与合成必须具备科学理论和方法。

3）导向性原则

评价指标应具有持续性、导向性功能。乡镇发展能力评价的目的不是单纯评出名次及优劣的程度，而是引导和鼓励乡镇向着正确的方向和目标发展，以此体现并发挥发展能力评价工作对乡镇发展的导向功能。

4）可操作原则

评价指标要简单明确、容易收集、便于统计和计算，具有相对独立性、可量化性和通用性，并尽可能与乡镇现行的统计口径、资料和图纸相吻合；各项评价指标及其相应的计算方法，各项数据都要标准化、规范化，在此基础上建立计算机模型和便于操作的评价方法。

（2）评价指标体系设计过程

县域各乡镇发展能力评价指标体系的设立，一般以专家评议为基础，经过初步确定、专家咨询、最终核定三个步骤完成。

第一步：初步确定。根据乡镇发展能力评价目的，借鉴城市综合竞争力、城市可持续发展能力评价方面的经验，初步确定较为充分、完整地反映各乡镇发展能力的指标体系。

第二步：专家咨询。初步确定乡镇发展能力评价指标体系后，征求县发展和改革委员会、住房与城乡建设委员会、民政局、国土资源局、交通局、旅游局、环保局等部门专家的意见，对指标进行筛选和补充。

第三步：最终核定。根据专家反馈意见，对乡镇发展能力评价指标体系进行修正，并结合数据可得性对个别指标进行删除和综合，最终核定乡镇发展能力评价指标体系。

（3）评价指标体系建构

乡镇发展能力评价是一个由众多因素构成的复杂系统，由于相关研究较少，本书主要借鉴城市综合竞争力、城市可持续发展能力评价指标体系，从经济发展、社会发展和环境发展三个因素建构了包含18个子因素、39个子指标的乡镇发展能力评价指标体系（表2-1）。

乡镇发展能力评价指标体系 **表2-1**

因素	子因素	指标
经济发展	经济富裕程度、经济发展速度、资产使用状况、金融资本实力、产业构成状况、经济发展效益	GDP总量、人均GDP、GDP增长率、规模以上工业增加值、工业平均增长速度、全社会固定资产投资总额、社会消费品零售总额、人均消费总支出、金融机构贷款余额、居民储蓄存款总额、第二产业占GDP的比重、第三产业占GDP的比重、规模以上工业增加值比重、外贸依存度
社会发展	收入分配、消费水平、医疗保健因素、文化娱乐因素、人口素质因素、劳动就业因素	人均收入、人均可支配收入、社保覆盖率、万人拥有医生数、万人拥有病床数、万人拥有图书册数、职业构成、文化构成、每万人中农业技术人员数、每万人拥有大学生人数、劳动年龄人口数量、剩余劳动力
环境发展	道路交通设施、邮电通信设施、能源水源设施、环境绿化状况、废物处理能力、镇区建设状况	矿藏种类、矿藏储量、交通区位、经济区位、公路里程数、公路硬化率、村村通状况、邮政业务总量，有线电视普及率、电话普及率、用电村比例、用自来水村比例、人均绿地面积、绿化率、污水处理率、乡镇垃圾无害化处理率、楼房比重、城镇风貌

1）经济发展

经济发展不仅意味着国民经济规模的扩大，更意味着经济和社会生活素质的提高。经济发展可通过经济实力要素和经济效益要素反映出来。

① 经济实力要素

经济实力要素从总体上衡量和体现了各乡镇经济活动创造财富、推动生产力进步的能力，同时也反映了其现有的经济水平和未来创造更多财富的潜力，体现了其参与竞争的基础与实力，具体包括：

——反映乡镇经济富裕程度和经济发展速度的指标，例如GDP总量、人均GDP、GDP增长率、规模以上工业增加值和工业平均增长速度；

——反映资产最终使用状况的指标，例如全社会固定资产投资总额、社会消费品零售总额、人均消费总支出；

——反映金融或资本实力的指标，例如金融机构贷款余额、居民储蓄存款总额。

② 经济效益要素

经济效益要素是指各产业在总体经济中的基本状况，包括各产业的构成形式及地位、相互关系和作用以及对经济增长的贡献等，具体指标包括第二产业占GDP的比重、第三产业占GDP的比重、规模以上工业增加值比重、外贸依存度（即进出口额占GDP的比重）。

2）社会发展

社会发展指社会进步中社会经济的发展，特别是社会生产力的发展，可通过生活质量要素和人口与就业状况反映出来。

① 生活质量要素

生活质量要素，可以从收入分配、消费水平、医疗保健、文化娱乐、生活条件，以及生活个体等方面得以反映。

——反映乡镇居民收入、消费状况的指标，例如农民人均纯收入、乡镇人均可支配收入；

——反映乡镇居民医疗保健、文化娱乐状况的指标，例如参与社保覆盖率、万人拥有医生数、万人拥有病床数、万人拥有图书册数。

② 人口与就业状况

人是一切经济活动中最关键、最灵活的要素，乡镇人口总量以及人口结构对乡镇经济的发展起到决定性作用。

——反映乡镇人口总量指标，例如乡镇人口总数；

——反映乡镇人口结构的指标，例如人口年龄构成、性别构成、职业构成、文化构成；

——反映乡镇人口素质的指标，例如每万人中农业技术人员数，每万人拥有大学生人数；

——反映人口就业情况的指标，例如劳动年龄人口数量、剩余劳动力。

3）环境发展

环境是生存之本、发展之基，它可通过基础设施要素和生态环境要素反映出来。

① 基础设施要素

基础设施是乡镇经济、社会活动的物质载体，它不仅直接影响居民的生活水平和福利，还能够对外部居民形成吸引力。

——反映乡镇道路交通设施状况的指标，例如公路里程数、公路硬化率、村村通状况；

——反映乡镇邮电、通信设施状况的指标，例如邮政业务总量、有线电视普及率、电话普及率；

——反映乡镇能源、水源设施状况的指标，例如用电村比例、用自来水村比例。

② 生态环境要素

自然环境状况影响乡镇的生产和交易成本费用，影响乡镇对人力等资源要素的吸引。环境是一种潜在的资源，在其他要素的有效配合下，它可为乡镇带来具有可持续性的和可放大性的价值收益贡献。自然资源对经济的影响体现在资源禀赋和区位因素两个方面；生态环境对经济的影响体现在环境质量和环境保护两个方面。

——反映乡镇资源禀赋状况的指标，例如矿藏种类、矿藏储量；

——反映乡镇区位状况的指标，例如交通区位、经济区位；

——反映乡镇环境绿化状况的指标，例如乡镇人均绿地面积、绿化率；

——反映乡镇废物处理能力状况的指标，例如乡镇污水处理率、乡镇垃圾无害化处理率。

另外，乡镇驻地的建设质量也是环境发展因素的重要内容，例如楼房比重、市政设施配套情况、小城镇风貌特征等。

2.2.2 乡镇发展能力评价方法

建构了评价指标体系以后，乡镇发展能力评价的下一步工作是如何把多个指标转化成一个综合指标。这需要运用数理统计方法科学地确定各指标的权重，然后采用公式将各指标的权重和各指标的数据值迭加成综合指数。在此环节中，各指标权重值的确定是影响综合指数准确性的关键。

目前，国内外建立的多指标综合评价方法很多，常见的有专家评估法（Delphi）、数据包络分析法（DEA）、层次分析法（AHP）、模糊数学综合评判法、主成分分析法、因子分析法和聚类分析法等。上述方法可以分为两类：一类为主观赋权法，主要是利用专家的知识、经验对实际问题作出判断而主观给出权重的，如层次分析法、专家评估法等；另一类为客观赋权法，是根据评价对象的实际数据经数学处理来赋权的，如主成分分析法、因子分析法、均方差法等。

一般说来，主观赋权法依赖专家经验，虽然考虑全面，却难免出现主观臆断的情况；而客观赋权法是根据各指标值变异程度和各指标之间的相关关系来确定指标的重要性，因而使权重具有绝对的客观性。可是，客观赋权法给出的权重由于其绝对的客观性而可能违背指标的经济意义或技术意义；同时，样本的变化可能导致权重的变化，造成权重的不稳定。鉴于此，在乡镇发展能力评价中往往采用主、客观赋权法相结合的方法确定权重，即各选取一种主客观评价法，首先通过客观法初步确定各指标的权重，然后依据主观法对各指标权重再加以修正，从而使得指标权重的确定更具科学性，同时避免了客观赋权法中因采用特殊值对指标权重确定造成不利影响。

主、客观赋权法相结合确定乡镇发展能力评价指标的权重时，主观评价法一般采用层次分析法（AHP），而客观评价法一般采用主成分分析法。

（1）层次分析法

层次分析法（The Analytic Hierarchy Process），简称AHP法，是一种定性与定量相结合的系统分析方法，是将人的主观判断用数量形式表达和处理的方法。它是美国运筹学家萨蒂于20世纪70年代初，在为美国国防部研究“根据各个工业部门对国家福利的贡献大小而进行电力分配”课题时，应用网络系统理论和多目标综合评价方法，提出的一种层次权重决策分析方法。其特点是在对复杂的决策问题的本质、影响因素及其内在关系等进行深入分析的基础上，利用较少的定量信息使决策的思维过程数学化，从而为多目标、多准则或无结构特性的复杂决策问题提供简便的决策方法。因此，层次分析法尤其适合于对决策结果难于直接准确计量的场合。

层次分析法先把复杂问题分解成各个组成因素，再将这些因素按支配关系分组形成递阶层次结构。它通过两两比较的方式确定各个因素相对重要性，然后综合决策者的判断，确定决策方案相对重要性的总排序。运用层次分析法进行系统分析、设计、决策时，可按建定层次分析模型、构造判断矩阵、确定因子权重、判断矩阵的一致性检验和合成权重五个步骤进行。

1）建立层次分析模型

层次分析法的第一步是建立层次分析模型，第一层次为决策的总目标，接下来依次为不同层次准则和决策的备选方案（图2-3）。层次结构中的层次数与决策问题设计的复杂程度、问题 分析的详尽程度有关。通常每一层的元素不超过9个，如果同一层中以及上层同一元素

图 2-3　AHP 决策分析层次结构图

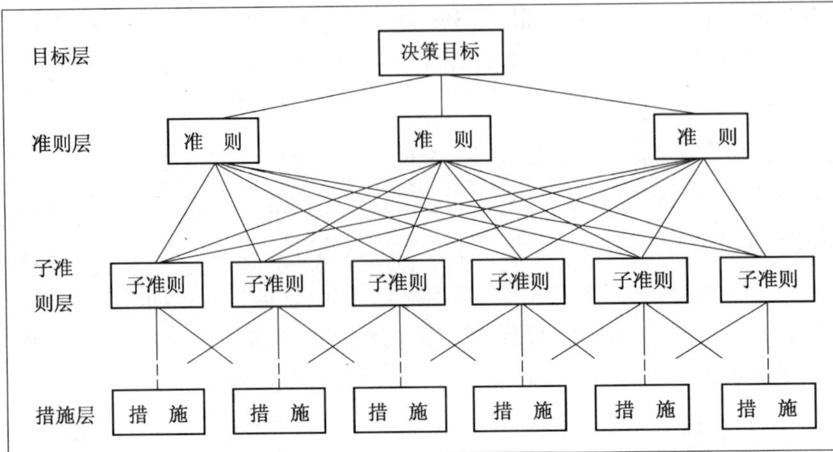

相关的元素过多，会给比较带来困难。

2）构造判断矩阵

建立层次分析模型以后，决策者需要给出关于同一层元素对与其有隶属关系的某一上层元素相对重要性的主观判断，该主观判断可以通过把这些元素进行两两比较构造判断矩阵而得出。对判断矩阵进行数学处理，就能够获得这些元素相对于某一上层元素的权重。最后，计算备选方案相对于第一层决策目标的优先序。可见，构造判断矩阵能够使决策者的判断由定性过渡到定量。

层次分析法的基础是进行配对比较，在比较时应使用表 2-2 所示的决策规则。在这一步骤中，决策者需要反复回答诸如此类的问题：下一层的隶属于第 k 个准则的两个元素哪一个更重要，重要多少?

表 2-2 中使用的标度方法是一种将思维判断数量化的好方法，因为人们通常用相同、较强、强、很强、极强来描述事物之间的差别。如需进一步细分，可以用介于两个相邻的等级之间来描述。心理学的试验表明，大部分人对事物之间差别的分辨能力在 5 ~9 级之间，采用 1 ~9 的标度反映了大部分人的判断能力。如果相互比较的元素处于不同的数量级时，可以将较高数量级的属性进一步分解，以保证被比较的元素适用于 1 ~9 的标度。

配对比较的规则　　**表 2-2**

重要程度	定　义	解　释
1	同样重要	对于某上一层元素二者有相同的贡献
3	稍微重要一点	二者相比，经验和判断稍微倾向于前者
5	比较明显地重要	二者相比，经验与判断强烈倾向于前者

续表

重要程度	定　　义	解　　　　释
7	明显地重要	二者相比，经验与判断强烈倾向于前者
9	绝对重要	二者相比，有足够的证据肯定绝对喜好前者
2，4，6，8	中间取值	经验和判断介于两个相邻判断之间

对同一上层元素有贡献的同层元素通过两两比较可以构造出如下判断矩阵：

$$A=\begin{bmatrix} a_{11} & a_{12} & \Lambda & a_{1j} & \Lambda & a_{1n} \\ a_{21} & a_{22} & \Lambda & a_{2j} & \Lambda & a_{2n} \\ \mathrm{M} & \mathrm{M} & \Lambda & \mathrm{M} & \Lambda & \mathrm{M} \\ a_{i1} & a_{i2} & \Lambda & a_{ij} & \Lambda & a_{in} \\ \mathrm{M} & \mathrm{M} & \Lambda & \mathrm{M} & \Lambda & \mathrm{M} \\ a_{n1} & a_{n2} & \Lambda & a_{nj} & \Lambda & a_{nn} \end{bmatrix}$$

其中，a_{ij}是元素 A_i 与元素 A_j 相比的重要程度，且 $a_{ij}>0$；$a_{ij}=1/a_{ij}$，即元素 A_j 与 A_i 相比的重要程度是元素 A_i 与元素 A_j 相比的重要程度的倒数。因此，矩阵 A 实际上是一个正互反矩阵，对于矩阵（a_{ij}）$n\times n$ 只需做 n（$n-1$）/2 次判断就可以了。

3）确定因子权重

判断矩阵给定以后，可以依据判断矩阵确定权重｛w_i｝。求解权重｛w_i｝的方法很多，下面采用通过求解判断矩阵最大特征值 λ_{max}，而获得权重｛w_i｝。根据矩阵理论，有 $AW=\eta W$。

其中 W 为向量，且 $W=\{w_i\}^T$，η 为判断矩阵 A 的特征根，W 为特征根对应的特征向量。

当 A 为完美判断矩阵时，判断矩阵的最大特征根 λ_{max}存在且唯一，即 $\lambda_{max}=n$，其余特征根为0。W 由正的分量组成，除了差一个常数倍数外也是唯一的。在现实世界中，人们的判断往往存在不一致性，也就是说这种不一致性相当于给完美的判断矩阵加了一个微扰，这样判断矩阵的最大特征根 λ_{max}不再等于 n，相应地也要增加了一个微扰。

4）判断矩阵的一致性检验

层次分析方法最关键的一步是通过配对比较确定优先序，最终决策的质量很大程度上取决于决策者在配对比较时判断的一致性。需要指出的是，完美的一致性是很难做到的，几乎在所有的判断矩阵中都或多或少地存在着不一致。那么如何确定判断矩阵中的一致性程度是否可以接受？层次分析法提供了测量在配对比较时决策者判断上的一致性程度的方法，如果判断矩阵的一致性可以接受，继续进行下面的决策过程。否则，决策者应先对判断矩阵进行修正以使其达到可以接受的水平。当然，修正的目的是为了给出最佳决策，而不是追求判断矩阵的完美一致。最佳决策必须具备判断上的一致性，但完美的判断并不一定给出最佳的决策。

判断矩阵的一致性测量可以通过计算一致性比 CR（Consistency Ratio）来实现，我们又称 CR 为检验系数，它由下面的公式获得：

$$\mathrm{CR}=\frac{CI}{RI} \tag{2-1}$$

$$\mathrm{CI}=\frac{\lambda_{\max}-n}{n-1} \tag{2-2}$$

$$\lambda_{\max}=\frac{1}{n}\sum_{i=1}^{n}\frac{(AW)_i}{w_i} \tag{2-3}$$

其中，CI 是一致性指标（Consistency Index）；$\lambda_{\max}$是判断矩阵的最大特征根；$(AW)_i$ 是判断矩阵与相应的优先序矩阵乘积的第 i 个元素；RI 是随机性指标（Random Index），即随机产生的判断矩阵的一致性指标，它的大小取决于配对比较时比较的元素数目 n（表 2-3）。

RI 系数表 **表 2-3**

n	2	3	4	5	6	7	8
RI	0.00	0.58	0.90	1.12	1.24	1.32	1.41
n	9	10	11	12	13	14	15
RI	1.45	1.49	1.51	1.48	1.56	1.57	1.59

检验系数 CR 的范围可以从零到一个非常大的正数，但小于等于 0.1 是可以接受的一致性水平；当检验系数 CR 大于 0.1 时，决策者有必要对最初的判断矩阵进行修正。引起检验系数 CR 较大的原因主要有以下两种：

① 决策者在配对比较时陈述的不可传递性。例如当对 A、B、C 三个元素进行比较时，决策者认为 A 优于 B，B 优于 C，而 C 优于 A，尤其当比较的元素多于 5 个时，这种情况是非常容易发生的。

② 配对比较时给出的是 A 优于 B，而实际上是 B 优于 A。

另外，检验系数 CR≤0.1 这一规则在执行时并不是太严格。如果 CR ＝ 0.15 而决策者对自己配对比较时的判断非常自信，认为没有必要修正，那么这一结果也是可以接受的。

5）合成权重

完成了判断矩阵的一致性检验，接下来的问题是如何利用这些重要程度对备选方案进行排序，假定决策问题共有 m 层准则（或指标），决策的目标标记为第“0”层，各备选方案处于第“$m+l$”层，第“i”层元素的数目用 n_i 表示，$W^{(i)}$表示第“$i+1$”层元素与第“i”层准则之间权重矩阵，该矩阵共有 n_i 行和 n_{i+1}列，如果第“$i+1$”层的第“j”个元素与第“i”层的第“i”个元素之间无关，则该矩阵中相应的元素“a_{ij}”等于零。

例如，$W^{(0)}$表示第一层准则对第“0”层的决策目标的权重矩阵，假如第一层的准则共有“5”个，矩阵的大小为“1”行“5”列，记为“1×5”，各备择方案对于决策目标的权重（优先序）分别为 W_1，W_2，……，Wn_{m+1}，W =（W_1，W_2，……，Wn_{m+1}），则 W 可由下式获得：

$$W=W^{(0)}\ W^{(1)}\ W^{(2)}\cdots\cdots W\ (m)$$

同样，也需要对总排序结果进行一致性检验。当 $CR<0.1$ 时，认为判断矩阵的整体一致性是可以接受的。

（2）主成分分析法

1）基本原理

主成分分析也称主分量分析，旨在采用“降维”的思想把多指标转化为少数几个综合指标。它借助于一个正交变换，将其分量相关的原随机向量转化成其分量不相关的新随机向量，这在代数上表现为将原随机向量的协方差阵变换成对角形阵，在几何上表现为将原坐标系变换成新的正交坐标系，使之指向样本点散布最开的 p 个正交方向，然后对多维变量系统进行“降维”处理，使之能以一个较高的精度转换成低维变量系统，再通过构造适当的价值函数，进一步把低维系统转化成一维系统。

运用主成分分析法确定权重的基本思路：首先将原始数据或者对原始数据进行标准化处理后进行因子分析，按照特征值的要求提取公因子，并根据公因子的特征值计算出其贡献率。然后，结合各公因子在每项指标上的得分，计算出各指标权重。具体计算的原则是根据公因子在各指标上的得分大小，将公因子的贡献率分配到每项指标上，而各指标的权重则等于由于各公因子而得到得分权重之和。通过这种方法确定的权重是根据各指标的实际数据形成的，它不依赖人的主观判断，因而客观性比较强。另外，不同数据可能使得各指标的权重不同，因此在实际应用中，需根据具体数据计算各指标的权重。

2）基本步骤

采用主成分分析法确定权重的步骤，主要有计算特征方程的根、确定各成分的贡献率、求取累计贡献率、得出特征向量和算出主成分分数。

① 计算特征方程的根

特征方程的根，通常用 λ 表示。它是确定主成分数目的根据，并使其按大小顺序排列，

其中最大的为 λ_1，最小的 λ_m。有 m 个变量就有 m 个特征方程，也就有 m 个特征方程根。

特征方程的根反映的是原始变量的总方差在各成分上重新分配的结果。由于方差是有单位的，为消除量纲的影响，在求解主成分过程中首先要对各参与分析的变量进行均值为0、标准差为1标准化。因此，各标准化后的原始变量的方差为1。

标准化处理，令：

$$\overline{z_j} = \frac{1}{n}\sum_{k=1}^{j} z_{kj} \tag{2-4}$$

$$S_j^{\ 2} = \frac{1}{n-1}\sum_{k=1}^{n}(z_{kj}-\overline{z_j})^2, j = 1,2,3,\cdots\cdots, p \tag{2-5}$$

作变换

$$x_{kj} = \frac{z_{kj}-\overline{z_j}}{S_j}, \ k=1, \ 2, \ 3, \ \cdots\cdots, \ p \tag{2-6}$$

$$\overline{x_j} = \frac{1}{n}\sum x_{kj} = 0 \tag{2-7}$$

$$S_{xj}^2 = \frac{1}{n-1}\sum_{k=1}^{n}(x_{kj}-\overline{x_j})^2 = \frac{1}{n-1}\sum_{k=1}^{n} x_{kj}^2 = 1 \tag{2-8}$$

根据方差的定义，第 i 个主成分的方差是总方差在各主成分上重新分配后，在第 i 个成分上分配的结果，在数值上等于第 i 个特征值。

$S_{p_i} = \dfrac{\sum_{i=1}^{m}(p_i-\overline{p_i})^2}{n-1} = \lambda_i$，第 i 主成分上的方差等于第 i 个特征值。

$\sum_{i=1}^{m}\lambda_i = m$ 原始变量个数 m 等于特征值的数目 m，m 个特征值之方差总和等于 m 个特征值之和，等于 m，即等于标准化的原始变量的方差之总和。

② 确定各成分的贡献率

每个主成分的贡献率是指各成分所包含的信息占总信息的百分比。用方差作为变量所包含的信息，则每个成分所提供的方差占总方差的百分比即为该成分的贡献率。

即 P_i 的贡献率为：$\dfrac{\lambda_i}{\sum_{i=1}^{m}\lambda_i} = \dfrac{S_{p_i}}{\sum_{i=1}^{m}S_{p_i}} = \dfrac{\lambda_i}{m}$

③ 求取累积贡献率

前 k 个成分的累积贡献率为：$\sum_{i=1}^{k}\dfrac{\lambda_i}{\sum_{i=1}^{m}\lambda_i} = \sum_{i=1}^{k}\dfrac{\lambda_i}{m}$

通常取累积贡献率大于等于80%，来确定取前 k 个成分为该研究问题的主成分。

④ 得出特征向量

各成分表达式中的标准化原始变量的系数向量，就是各成分的特征向量。得出特征向量就可以写出每个成分的表达式。

⑤ 算出主成分分数

根据主成分表达式和各测量中各变量值计算出的成分值，称为该观测量的该成分的分数。该成分是第几个成分就称该值为第几个主成分分数。

(3) 使用SPSS软件的操作步骤

在具体操作过程中，一般借助于SPSS软件来实现，从而使这主成分分析法变得简单易行。利用SPSS中的因子分析（FACTOR）操作步骤见附件1。

2.2.3 乡镇发展能力评价流程

乡镇发展能力评价由数据标准化、建立数据文件、确定因子权重、计算并修正综合指数和划分乡镇发展类型等环节组成。

(1) 数据标准化

由于乡镇综合评价指标体系中各指标的计量单位不同，而且各指标数量差别比较大，所以不能直接进行综合计算。为了解决各指标不同量纲无法综合计算的问题，首先需要对乡镇的各项指标的实际数值进行标准化处理，其计算公式为：

$$Z_{ij} = \frac{X_{ij} - X_i}{S_i} \tag{2-9}$$

其中，Z_{ij}为第j个乡镇的第i个实际指标的“标准化”值，X_{ij}表示在第j个乡镇X_i的实际值，X_i为第i个指标的平均值，S_i为第i个指标的标准差。

通过标准化处理以后，所有指标变成无量纲形式，这样就可以对各指标进行综合计算了。

(2) 确定因子权重

1）利用主成分分析法确定权重

① 在SPSS中建立数据文件

在SPSS V13.0 for Windows中新建并打开文件。根据各项指标对数据的要求，在SPSS Variable View）中定义变量名称、变量类型、变量宽度及小数点位数、变量标签、变量值标签、缺失值、显示宽度、显示对齐方式、变量的测度类型，如图2-4所示。然后，在数据窗口（Date View）中输入数据，如图2-5所示。

② 利用SPSS中的因子分析（FACTOR）

利用SPSS软件包中的因子分析，对指标数据进行因子分析，其中因子提出的方法是根据

图2-4　SPSS变量观察窗口

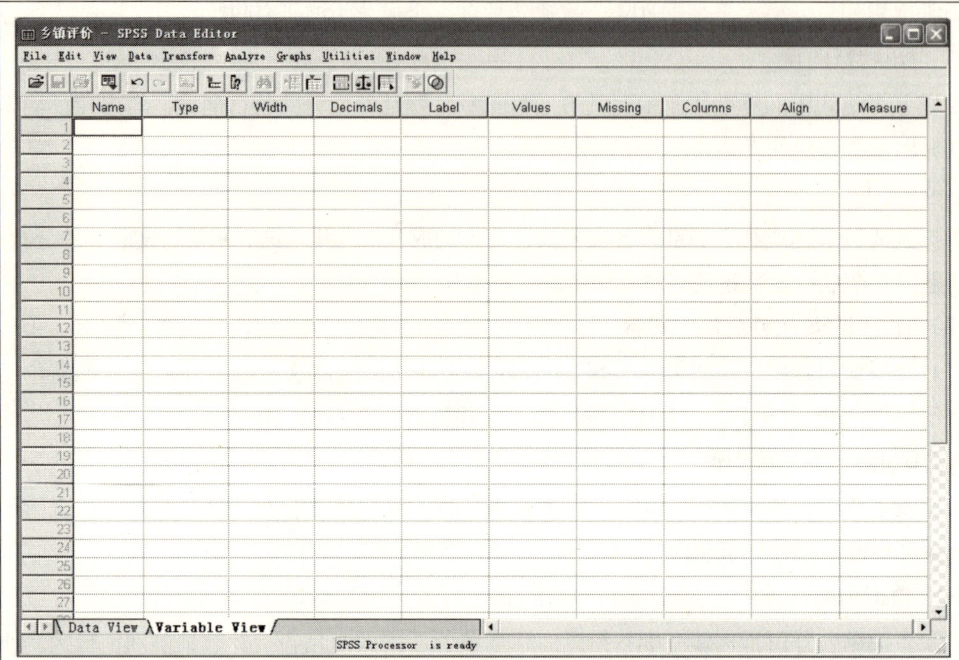

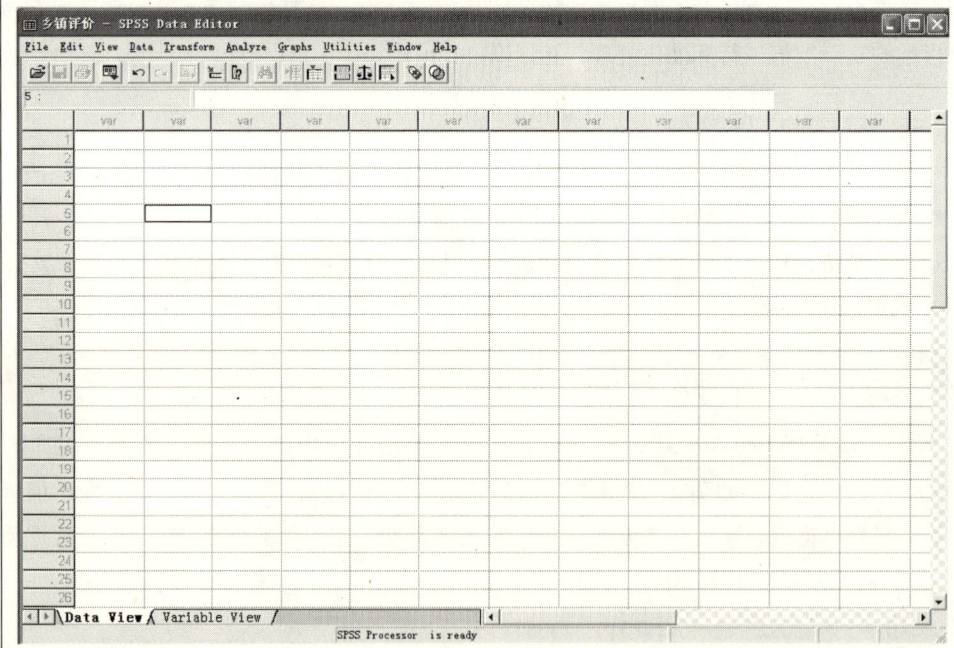

图2-5　SPSS数据窗口

指标的多少来确定主成分个数，这样可以充分利用现有的数据。在 Output 中，首先输出的是各指标的均数和标准差、各指标相关关系矩阵以及 KMO 和 Bartlett's 检验。根据 KMO 值来判断是否可以进行因子分析。一般来说，KMO >0.5，可以进行因子分析。然后，是各公因子的特征值和贡献率以及各公因子在不同指标上的得分。

③ 确定因子权重

按照特征值的要求提取公因子，结合各公因子在每项指标上的得分大小，将各公因子的贡献率分配到各指标上，计算出各指标的权重值。具体计算原则是：

公因子 F_i 在指标 X_1、X_2……X_k（$k \leqslant j$）上的得分分别为 R_1、R_2……R_k（其中 R_1、R_2……R_k 均为非负数），则指标 X_1、X_2……X_k 因公因子 F_i 而得到的权重为：

$$f_{ik} = \frac{R_k}{\sum_{k=1}^{j} R_k} \times f_i$$

$$f_k = \sum_{i=1}^{n} f_{ik}$$

2）修正因子分析权重值

为避免个别指标数值对权重值产生重大的影响，采用层次分析法对权重值加以修正。

依据层次分析法确定的权重值，对通过因子分析方法（主成分分析法）确定的权重值进行修正，从而确定各指标的权重。计算方法是将层次分析法确定的权重与通过因子分析确定的权重算术平均数。

（3）计算综合指数

1）综合指数计算

利用下面公式，计算各乡镇综合评价的指数。具体方法是将各乡镇每项指标标准化数值与该指标权重乘积相叠加而得到综合指数。

$$W_i = \sum_{i=1}^{n} f_i Z_i \tag{2-10}$$

其中，f_i 为各指标权重，Z_i 为各乡镇每项指标标准化数值，W_i 为乡镇发展能力评价指数。

2）数据修正

各项指标数据“标准化”以后，有些乡镇的综合评价指数可能成为负值，这样使得其物理意义难以解释。因此，为了直观地表征各乡镇发展情况，需要对综合评价指数进行修正。数据修正采用“归一化”方法，修正后的乡镇发展能力最高数值为 1，最低的数值为 0，乡镇发展能力数值界于 0 ~1 之间。然后，根据各乡镇发展能力综合指数修正值进行排序，即：

$$F_i = \frac{W_i - \text{Min}W_i}{\text{Max}W_i - \text{Min}W_i} \tag{2-11}$$

其中，F_i 为各乡镇发展能力综合指数修正值，W_i 为各乡镇发展能力的综合指数，$\text{Max}W_i$ 为各镇发展能力的综合指数的最大值，$\text{Min}W_i$ 为各镇发展能力的综合指数的最小值。

（4）划分发展类型

根据各乡镇发展能力综合指数，综合考虑各乡镇发展潜力、县域经济发展战略及其空间布局，将县域范围内乡镇划分成不同的类型——发展能力很强的乡镇、发展能力较强的乡镇、发展能力一般的乡镇和发展能力较弱的乡镇。

2.3 城镇化水平预测

城镇化水平预测是以现有城镇人口和乡村人口为基础，利用科学方法对未来几年或几十年城镇人口和乡村人口的发展作出判断。城镇化水平预测既是城市总体规划编制中影响全局的问题，又是不易准确把握的难题。

2.3.1 城镇化水平预测方法

预测城镇化水平的方法很多，城市规划编制中常用的有联合国法、对数曲线模型、趋势外推法和系统动态学方法。

（1）联合国法

联合国法是联合国用来预测世界各国、各地区城镇化水平的常用方法。该方法的关键是根据已知的两个代表年份的城镇人口和乡村人口数，求取城乡人口增长率差；然后，假设城乡人口增长率差在预测期内保持不变，从而外推出预测期末的城镇人口比重。联合国法符合正常城镇化过程的S形曲线的原理，具体计算方法如下：

第一，求两个代表年份间的城乡人口增长率差：

$$k = \frac{1}{n}\ln\frac{P_u(2)/(1-P_u(2))}{P_u(1)/(1-P_u(1))} \tag{2-12}$$

式中　k——城乡人口增长率差值；

P_u（1）——前一个代表年份的城镇人口比重；

P_u（2）——后一个代表年份的城镇人口比重；

n——两个代表年份间的年数。

第二，测算某年的城镇人口比重：

$$\frac{P_u(t)}{1-P_u(t)}=\left(\frac{P_u(l)}{1-P_u(l)}\right)e^{kt} \tag{2-13}$$

式中 $P_u(t)$ ——预测年城镇人口比重；

$P_u(l)$ ——基期城镇人口比重；

t——距离基期的年数；

k——城乡人口增长率差值。

应该注意到，获取两个时间点上准确的城镇人口和乡村人口数是联合国法成功预测城镇化水平的基础。但是，由于城镇人口统计口径、统计地域的不一致，以及对暂住人口态度的不同，在城市规划编织工作中很难获得准确的城镇人口和乡村人口数据。

（2）趋势外推法

趋势外推法是根据过去和现在的发展趋势推断未来的一类方法的总称，广泛应用在科技、经济和社会发展的预测。其基本假设：未来是过去和现在连续发展的结果。因此，该方法适合应用于历史资料比齐全，发展比较平稳的城市。

趋势外推法的预测步骤：先选用一种数学模型来拟合城镇化水平变化的历史过程，然后按时序外推。数学模型可以是线性模型，也可以是非线性模型。

1）线性模型

线性模型，是以连续数年的城镇化水平与其他相关要素的历史数据为基础，通过线性回归方程找出发展趋势，从而预测未来某一时间的城镇化水平。其预测模型如下：

$$y=a+bx \tag{2-14}$$

式中 y——城镇化水平；

x——年份；

a、b——待定系数。

一元线性回归模型在短时期内精度最好，但对于中长期外推预测而言，由于置信区间在扩大，误差较大；尤其在发展转折时期，函数形式发生变化，误差则更大。其预测步骤如下：

① 收集至少连续5年的城镇化水平数据；

② 将所收集的城镇化水平与年份作散点图，并直观判断是否线性相关，若不相关则无法求得回归方程；

③ 若是线性回归，建立一元线性回归方法，并根据现有数据，计算求得系数 a、b；

④ 确定显著性水平，并作拟合优度检验；

⑤ 将求得的系数作为已知数，去预测未来某一时间的城镇化水平。

a、b 系数以及相关检验可以借助于 Excel、SPSS 软件中的回归分析包求得，使得计算变得简单容易，相应地增加了线性模型的应用性。

2）非线性模型

逻辑斯蒂（Logistic）曲线预测模型是一种常用的非线性模型。该模型以连续数年的历史数据为基础，通过非线性回归分析找出发展的趋势，从而预测未来某一时间的城镇化水平。其预测公式如下：

$$P_t = \frac{P_m}{1 + ae^{-bt}} \tag{2-15}$$

式中　P_t——规划年末的城镇化水平；

a、b、P_m——特定系数。

该公式考虑到城镇化水平增长的有限性，且提出了城镇化水平增长的规律即随着城镇化水平的提高，城镇化水平增长率逐渐下降。Logistic 曲线预测方法一般适用于城镇化水平增长率开始下降的情况。其预测步骤如下：

① 收集至少连续 5 年的城镇化水平数据；

② 根据数据，建立逻辑斯蒂（Logistic）曲线模型方程，计算求得系数 a、b、P_m；

③ 确定显著性水平，并作拟合优度检验；

④ 将求得的系数作为已知数，去预测未来某一时间的城镇化水平。

a、b、P_m 系数以及相关检验可以借助于一般 SPSS 软件中的非线性回归分析包求得，分析工作简单容易。

（3）对数曲线模型

从经济学角度看，城镇化是在空间体系下的一种经济转换过程，人口和经济之所以向城市集中，是集聚经济和规模经济作用的结果。经济增长必然带来城镇化水平的提高，而城镇化水平的提高无疑又加速经济增长。北京大学的周一星教授和中山大学的许学强教授分别采用 137 个国家和 151 个国家的资料进行分析，证明城镇化水平与人均国民生产总值之间存在着对数曲线相关，城镇化水平随着国民生产总值的增长而提高，但提高的速度又随着人均国民生产总值的增长趋缓。

利用城镇化水平与人均国内生产总值之间存在对数曲线关系的原理，只要得到规划期末人均国内生产总值指标，就可以预测规划期末的城镇化水平，其预测模型：

$$Y = b_0 + b_1 \times \ln X \tag{2-16}$$

式中　Y——城镇化水平；

b_0、b_1——回归系数；

X——预测年份的人均 GDP。

采用对数曲线模型预测县域城镇化水平，预测步骤如下：

① 收集县至少连续 5 年的城镇化水平和人均 GDP 数据；

② 根据历年的城镇化水平和人均 GDP 计算出对数系数 b_0、b_1；

③ 通过国民经济与社会发展规划等相关资料确定的规划期末县域人均 GDP，利用公式(2-16)计算规划期内县域城镇化水平。

可以看出，对数曲线模型实际上是把城镇化水平预测的难题转移到经济发展水平预测上了，规划期末人均 GDP 预测的科学性决定了城镇化水平预测的准确性。

（4）系统动态学方法

系统动态学是研究社会大系统的计算机仿真方法。它可以方便地对各种决策进行试验、分析，选择合理的符合实际的结果，应用面很广。城市是一个复杂的社会大系统，系统内一个因素的变动往往会引起其他众多因素的连锁反应，运用一般方法很难对此作出全面、正确的分析和估计。运用系统动态学方法预测区域城镇化水平时，可以把人口过程、城镇化过程和经济发展过程联结在一起，构成一个互相制约、互相影响的复杂的动态系统。

系统动态学方法的突出优点是对那些受政策和人为因素影响较大的决策变量进行调整，可以得出多方案的仿真结果，供决策者选择。

2.3.2 县域城镇化水平预测

根据县总体规划编制时间和社会经济发展变动情况，县城镇化水平预测可能出现套用县总体规划数据，修订县总体规划数据，以及采用模型重新预测三种情况。

（1）套用数值法

在县总体规划编制完成时间不久，当前县社会经济发展条件与编制总体规划时相比并无大变动，在村庄体系重构规划末期与县总体规划末期一致的情况下，村庄体系重构规划中的县城镇化水平预测可以直接套用县总体规划中的数据。当然，规划末期县总人口、中心城人口也可直接套用。

（2）修订数值法

在县总体规划编制完成时间不久，村庄体系规划末期与县总体规划末期一致，而当前县社会经济发展条件与编制总体规划时相比有较大变动，村庄体系重构规划中的县城镇化水平预测可以通过修订县总体规划中的数据而得出，其基本步骤如下：

1）收集整理县总体规划中城镇化资料

解读县总体规划，首先掌握规划期末的城市总人口、城市人口、城镇化水平等相关资料；如果有人口与城镇化专题研究报告的话，还需要收集专题研究。然后，研究城镇化水平预测方法选择、参数确定的依据是否科学。

2）重新审视县域城镇化发展各种条件

研究表明，城镇化与社会经济发展之间存在着相关关系，工业化是我国目前城镇化发展的主要动力。采用SWOT方法对当前县社会经济发展条件进行全面分析，并与总体规划编制时城县社会经济发展条件进行对比，判断社会经济发展趋势。如果经济发展速度加快了或县域有某项重大项目投资，城镇化水平相应地提高；如果经济发展速度减慢，城镇化水平相应的降低。

例如《德州市城市总体规划（2004—2020）》确定，2020年德州中心城总人口为90万人，城市化水平超过80%。在《德州市村镇体系规划（2009—2020）》中，考虑到目前德城区的城镇化水平为70.5%，按照城镇化发展一般规律，未来城镇化水平进入缓慢增长时期，故德城区城镇化水平为86%。

（3）模型预测法

如果村庄体系重构规划中县域城镇化水平的预测，既无法直接套用又不宜修订既有的县总体规划中的相关数据，那么应选用模型重新进行预测。另外，也应对规划末期县总人口、中心城人口规模作出预测（具体方法在本章第四部分介绍）。

1）收集资料

依据县统计资料，收集过去若干年（一般不少与5年）内城镇化水平、人均GDP等。对于统计资料中有城镇化指标的，可以直接采用；若县统计资料中没有城镇化指标，可以通过县域总人口和城市人口推算出历年城镇化水平。

2）分析整理

分析整理收集的城镇化水平，找出增长变化规律，判断所处城镇化阶段，考察它与人均GDP、非农业人口等因素的关系，并与市更大区域内同类城县进行横向比较，从而综合判断城镇化特点及发展趋势。

3）模型计算

根据城镇化特点及发展趋势，选择2~3种城镇化水平预测模型分别进行。然后，对各种方法预测结果进行综合平衡，并借鉴国家、区域或城市层面上的城镇化研究成果，最终确定规划期末城镇化水平。

2.3.3 乡镇城镇化水平预测

（1）乡镇城镇化现状分析

与县域城镇化现状分析一样，各乡镇城镇化现状分析，也分资料收集与分析整理两个阶段。

1）收集资料

县统计年鉴中，有各乡镇城镇化指标，可以直接采用；若没有城镇化指标，但有各乡镇总人口和城镇人口，可以通过这两个指标推算出来；若没有城镇化相关指标，则需要到各乡镇实地调查，调查时一定注意城镇化的客观性与真实性。

2）分析整理

分析各乡镇城镇化水平与GDP、人均GDP等社会经济指标之间的关系，判断各乡镇城镇化水平与经济发展的协调性；对各乡镇城镇化水平进行横向比较，判定各乡镇城镇化水平在县域内的排序。

（2）乡镇城镇化水平预测

1）计算乡镇平均城镇化水平

乡镇平均城镇化水平是指乡镇范围内的城镇人口与乡镇总人口的比值，计算公式如下：

乡镇平均城镇化水平 = 乡镇范围内的城镇人口 ÷ 乡镇总人口

其中，乡镇范围内的城镇人口 = 县总人口 × 县城镇化水平 − 中心城人口

乡镇总人口 = 县总人口 − 中心城人口

在县城镇化水平预测阶段，采用套用数值法可以从县总体规划中得到规划末期县总人口、中心城人口和城镇化水平等数据；采用修订数值法可以根据县总体规划中相关数据修订出规划末期县总人口、中心城人口和城镇化水平等数据；采用模型预测法可以预测出规划末期县总人口、中心城人口和城镇化水平等数据。

在规划编制工作中注意不要将县域城镇化水平等同于乡镇平均城镇化水平。因为中心城的城镇化水平远远高于乡镇的城镇化水平，所以乡镇平均城镇化水平总是低于县域城镇化水平。例如，某市规划期末城市总人口为120万人，市域城镇化水平为60%，中心城规模为35万人，那么规划期末乡镇总人口为85万人，乡镇范围内的城市人口37万人，乡镇平均城镇化水平为43.5%，远小于全市60%的城镇化水平。

2）预测各乡镇城镇化水平

计算出规划末期乡镇平均城镇化水平后，根据乡镇发展能力评价，结合乡镇现状城镇化水平，就可以大致确定规划期末各乡镇的城镇化水平。

具体方法是，发展能力、现状城镇化水平都比较高的乡镇，其城镇化水平肯定高于乡镇平均城镇化水平；相反，发展能力、现状城镇化水平都比较低的乡镇，其城镇化水平必然低于乡镇平均城镇化水平。发展能力比较高而现状城镇化水平比较低的乡镇，其城镇化水平可能等于或略高于乡镇平均城镇化水平；发展能力比较低而现状城镇化水平比较高的乡镇，其城镇化水平可能等于或低于乡镇平均城镇化水平（表2-4）。

各乡镇城镇化水平预测表　　表 2-4

现状城市化水平 \ 乡镇发展能力	高	中	低
高	远高于乡镇平均城镇化水平	较高于乡镇平均城镇化水平	等于或略低于乡镇平均城镇化水平
中	较高于乡镇平均城镇化水平	等于或略高于乡镇平均城镇化水平	低于乡镇平均城镇化水平
低	等于或略高于乡镇平均城镇化水平	低于乡镇平均城镇化水平	远低于乡镇平均城镇化水平

2.4 乡村人口规模预测

2.4.1 县域乡村人口规模预测

县域城镇化水平确定以后，预测规划期末县域乡村人口规模的关键转变成预测县域总人口。因为，县域乡村人口规模 = 县域总人口 ×（1 − 县域城镇化水平）。

同县域城镇化水平预测一样，县域总人口预测方法也分为套用数值法、修订数值法和模型预测法。由于前两种方法可以从县城总体规划中直接或间接地获取县域总人口规模，所以下面用模型预测县域总人口规模。考虑到县域总人口等于县域户籍人口减去流出人口加上流入人口，因此需分别进行预测。

（1）县域户籍人口规模预测

1）县域户籍人口现状分析

查阅县统计资料，收集过去若干年（视资料情况而定，一般至少 5 年）县户籍人口。根据历年的县户籍人口数量推算其变化情况，从而综合判断县户籍人口特点及发展变化趋势。

2）县域户籍人口规模预测

根据历年户籍人口变化，采用两种以上人口规模预测模型对户籍人口变化进行拟合和预测。下面以常用的综合增长率模型和一元回归模型为例演示县域户籍人口预测。

① 综合增长率模型预测

综合增长率法是按照历年人口自然增长率和机械增长率的变化来推算预测未来人口规模，是目前人口预测中最为普遍的方法。综合增长率法的关键就是科学确定人口自然增长率和机械增长率，其预测公式如下：

$$P_n = P_0 \times [1 + (m + k)]^n \tag{2-17}$$

式中　P_n——规划末年的户籍人口数；

P_0——规划基年的户籍人口数；

n——规划年限；

m——户籍人口年平均自然增长率；

k——户籍人口年平均机械增长率；

$m+k$——户籍人口年平均综合增长率。

将规划期末年份代入，即可得出综合增长率模型预测的户籍人口规模。

② 一元回归模型预测

$$y=a+bx \tag{2-18}$$

其中 y——人口规模；

x——年份或者国内生产总值；

a、b——待定系数。

根据对历年县域户籍人口变化数据的回归分析，计算得出 a、b 回归系数数值，将规划期末年份或者国内生产总值输入，即可求得出规划期末县域户籍人口规模。

对上述两种人口预测结果进行综合平衡，并与上一层次的规划预测进行有机衔接，最终确定县域户籍人口。

（2）县域流入流出人口预测

流动人口规模主要受经济增长、产业导向、区内劳动力平衡、就业政策等影响。从公安局取得历年流入人口数据，结合数据特征选用适当的模型便可预测规划期末流入人口规模；调查现状流出人口规模，结合社会经济发展趋势预测规划期末流出人口规模。

（3）县域乡村人口规模预测

在县域户籍人口、流入人口和流出人口预测的基础上，综合考虑上位规划及其他类型规划有关县域人口规模的界定，最终确定县域总人口。把县域总人口和城镇化水平带入下式，即可预测县域乡村人口规模。

县域乡村人口＝县域总人口×（1－县域城镇化水平）

2.4.2 乡镇乡村人口规模预测

（1）乡镇人口规模预测

1）调查乡镇现状人口

查阅资料与抽样调查相结合，掌握各乡镇户籍人口、流入人口、流出人口现状规模，计算各乡镇现状人口规模和乡镇现状总人口规模。

2）计算乡镇人口平均增长率

规划末期县域总人口减去中心城规划人口规模，得到乡镇规划总人口规模。乡镇规划总人口规模减去乡镇现状总人口规模的差，再除以乡镇现状总人口规模，便得出规划期内乡镇人口平均增长率，用公式表达如下：

乡镇总人口 = 县域总人口 − 中心城人口

乡镇人口平均增长率 =（规划期末乡镇总人口 − 现状乡镇总人口）/ 现状乡镇总人口

3）预测乡镇人口规模

计算出规划期内乡镇人口平均增长率后，根据乡镇发展能力评价来确定规划期内各乡镇的人口增长率，具体做法是发展能力高的乡镇，其人口增长率肯定高于乡镇人口平均增长率；相反发展能力低的乡镇，其人口增长率肯定低于乡镇人口平均增长率。

有了各乡镇人口增长率和各乡镇现状人口规模，便可预测规划期末各乡镇人口规模。如果预测的各乡镇人口规模之和不等于规划末期县域总人口减去中心城规划人口规模之差，须不断调整规划期内各乡镇的人口增长率，直至两者相等，此时各乡镇人口规模才是我们所要的预测值。

（2）乡镇乡村人口预测

根据规划期末各乡镇人口规模和城镇化水平，就可计算出各乡镇乡村人口规模。如果预测的各乡镇乡村人口之和并不等于县域总人口减去城镇化人口之差，须不断调整规划期内各乡镇城镇化水平，直至两者相等，此时各乡镇乡村人口规模才是理想的预测值。

参考文献

［1］张军民，陈有川主编．城市规划编制中的常用方法［M］．武汉：华中科技大学出版社，2008.

［2］中华人民共和国建设部．中国城市人口规模预测规程（讨论稿），2007.

［3］刘思峰等．应用统计学［M］．北京：高等教育出版社，2007.

［4］李静萍，谢邦昌．多元统计分析：方法与应用（数据分析系列教材）［M］．北京：中国人民大学出版社，2008.

第3章 保留村庄选择

图 3-1 保留村庄选择思路框图

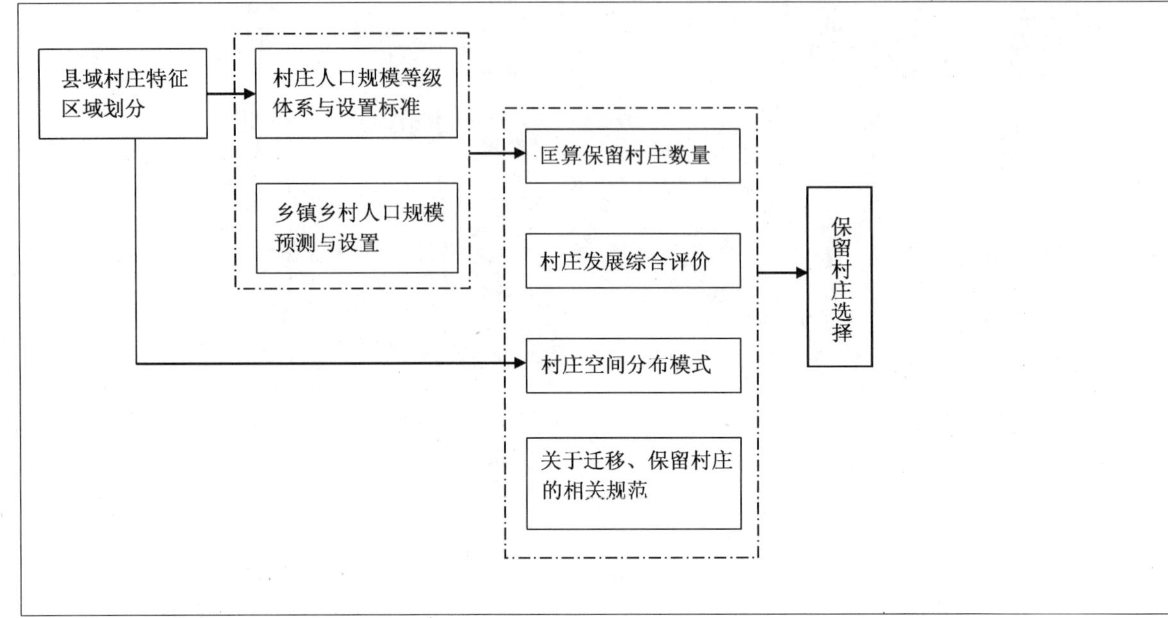

选择保留村庄既是村庄体系重构规划的核心内容，又是村庄整合时容易引起争论的焦点。为此，本书从提高决策程序的合理性和决策依据的科学性入手，全面、综合地反映各影响因素的作用，增强保留村庄选择的准确性。

首先，在县域范围内对村庄特征进行区域划分，归纳村庄空间布局模式，分析其前提条件，确定村庄人口规模等级体系与设置标准，以便分类指导乡镇村庄体系重构。其次，根据各乡镇乡村人口规模预测，结合其村庄人口规模设置标准与等级，匡算出各乡镇保留村庄数量。第三，建构村庄发展评价指标体系，确定评价指标权重，计算并修正村庄综合发展指数。最后，综合考虑保留村庄匡算数量、村庄综合发展指数排名以及村庄空间布局模式，圈定保留村庄名单（图 3-1）。

3.1 村庄特征区域划分

村庄特征区域划分，是根据村庄社会经济发展条件、村庄发展影响因素以及不同地区村庄规模、分布等方面的差异，将县域村庄进行合理分区。同一特征区域内村庄具有均质性，不同特征区域内村庄差异较大。

3.1.1 村庄特征区域划分的重要意义

村庄特征区域划分对村庄体系重构规划的作用，主要通过影响村庄人口规模设置标准、村庄空间布局模式和村庄整合策略三个方面体现出来。

（1）根据村庄特征区域划分设置村庄人口标准

我国不同县的村庄人口规模差异很大，同一个县内村庄人口规模差异也很大。通常，平原地区的村庄比丘陵山区的村庄人口规模大，靠近中心城区的村庄比远离中心城区的村庄人口规模大。

村庄体系重构规划中，如果按统一的人口规模设置标准来选择保留村庄，势必会造成村庄人口规模较大地区保留村庄过多，整合力度偏小；村庄人口规模较小地区保留村庄过少，整合力度偏大，与社会经济发展背道而驰。因此，根据县域村庄发展特点，合理划分出村庄特征区域；针对特征区域现状村庄人口规模，制定相应的规划村庄人口规模设置标准，真正做到分类指导。

（2）根据村庄特征区域划分选择村庄空间布局

与村庄人口规模一样，县域内不同地区的村庄空间布局模式也存在差异。通常，平原地区村庄多为均衡布局模式，符合中心地理论；丘陵山区村庄多为走廊式布局模式，集中在交通线两侧，符合点轴开发理论；经济发展水平较低地区村庄多为均衡布局模式，经济发展水平较高地区村庄多为走廊式布局模式和网络布局模式。这就要求在村庄体系重构规划中，从村庄所在地区的地形特点和经济发展水平入手，对不同特征区域内的村庄选择不同的村庄空间布局模式。

（3）根据村庄特征区域划分建构村庄整合策略

村庄特征区域划分还影响着村庄整合策略，即位于不同特征区域内村庄的发展方向、建设规模是不同的，村庄整合策略也应不同。例如，位于重点发展区内的村庄，未来发展空间和配套设施建设力度较大，整合起来相对容易；相反，位于限制发展区的村庄，未来发展空间和配套设施建设力度较小，整合起来相对困难。根据村庄整合难易程度，确定特征区域内村庄整合策略。

3.1.2　村庄特征区域划分的基本原则

（1）主导性原则

影响村庄特征区域划分的因素不仅多种多样，而且影响程度差异较大。坚持村庄特征区域划分的主导性原则，就是在全面考察各影响因素的基础上，选择区域最典型的因素进行比较分析。也就是说，在进行村庄特征区域划分时，既要对影响村庄特征的自然、社会、经济和环境等因素进行全面分析，又应着重分析影响较大，并具有典型代表性的主导因素。这样，一方面可以减少村庄特征区域划分的工作量，另一方面也能增强村庄特征区域划分的可操作性。

（2）完整性原则

从理论上讲，村庄特征区域划分不应该囿于乡镇行政区划。但是，一方面，由于村庄社会经济发展统计数据均以乡镇为单元进行采集、汇总；另一方面，因为村庄整合实施的主体是乡镇。因此，村庄特征区域划分要以乡镇行政区划为基本单位，尽可能尊重乡镇行政区划的完整性。对于条件差异较大的乡镇，可以划分成几个村庄特征区域，但不宜划分得过于零碎。

（3）可行性原则

村庄特征区域划分，旨在从宏观上制定不同区域、不同类型村庄人口规模设置标准，引导不同区域村庄选择不同空间布局模式，是一项实施性很强的工作。村庄特征区域划分，既要考虑区域划分的科学性，又要兼顾区域划分的可行性，建立符合县域实际状况的村庄特征区域划分体系。

（4）动态性原则

村庄特征区域划分是县域中长期村庄布局安排的基础，应保持相对稳定性，但并不排除局部性和阶段性的调整。随着县域内空间格局和村庄布局的不断变化，村庄特征区域的边界、范围等基本特性将不断变化。

3.1.3 村庄特征区域划分的影响因素

一般来说，影响村庄特征区域划分的因素主要有自然条件、资源禀赋、交通条件和经济区位。

（1）自然条件

自然条件是影响村庄分布最基本的因素。区域的地质、地形、气候、水文条件，以及区域自然灾害等对村庄分布和村庄规模都有明显的影响，这主要表现在上述因素综合形成的区域地理区位对可居性的限制上。

区域地理区位不同，村庄分布明显不同。例如，比较平坦地区的村庄分布比较稠密，规模也比较大，而山区的村庄分布比较稀疏，规模也比较小；水资源丰富地区的村庄分布比较稠密，但规模较小，缺水干旱地区的村庄分布比较稀疏，但规模较大。

（2）资源禀赋

尽管科技发展在很大程度上改善了人类生存条件，但时至今日人类对资源和能源的依赖仍然较为强烈，特别是在农村地区，资源和能源仍然是村庄分布的重要影响因素。

农村资源条件主要指土壤资源、水资源、气候资源、矿产资源、生物资源、能源资源、劳动力资源和经济资源等。资源的类型、性质、数量和分布范围，对村庄形成、分布、功能和规模等都有重大影响。但是，值得指出的是，现代农村聚居对资源的依赖并非对各种资源都十分依赖，而是有选择地依赖某种资源。

(3) 交通条件

交通条件是影响村庄分布的又一个主要因素。

首先，交通的通达程度以及交通的运载量，对农村的经济繁荣有直接影响。对于一个村庄，其交通条件如何标志着对外联系的范围和与相邻地区联系的密切程度，中心村一般分布在交通相对发达的地点。

其次，交通条件是衡量一个村庄是否具有潜在人口和经济聚集能力的重要标准。交通条件的改善，有利于物资、技术与信息交流和提高区域农副产品的商品化率；同时，交通等基础设施的改善有利于投资环境的改善和土地升值。所有这些对于促进社会经济发展、增强人口聚集能力、扩大影响范围具有重要的作用，从而改变村庄分布。

(4) 经济区位

经济区位主要包括三方面的内容，即村庄周边中心城市的辐射能力、乡镇企业的经济实力和分布格局，以及村庄原有的经济格局。

首先，中心城市经济和交通辐射能力的大小，对于周边的村庄规模和分布具有一定的影响。一般而言，村庄分布密度、人口规模与离中心城市的距离成反比，中心城市的辐射能力越强，这一趋势越明显。其次，乡镇企业作为农村经济发展的主导形式，其区域的分布状况、集散程度、规模大小，对村庄布局和发展方向具有重要的影响。再次，村庄分布与其原有经济格局密切相关。原有经济布局反映了在长期的历史发展过程中区域生产力的内在联系，以及村庄形成、发展的地区因素及其规律性。

3.1.4 村庄特征区域划分的方法步骤

(1) 确定村庄特征区域划分的主导因素

社会、经济、自然系统均影响着县域村庄空间分布和规模设置。在县域村庄特征区域划分时，首先根据村庄分布特点，选择影响村庄特征区域划分的主导因素。根据相关实践研究，影响村庄特征区域的主导因素包括自然资源、人口规模、经济区位、交通条件等。

主导因素选择不是越多越好，而是要选出影响县域村庄特征区域最具代表性因素，尽可能用较少的因素全面、真实地反映出县域村庄分区的差异。另外，不同地域内村庄特征区域划分的主导因素在数量、类型上也不相同。例如，在四川双流县村庄体系规划中，其村庄特征区域划分只考虑了地形地貌因素；而在浙江省保留村庄规划研究中，村庄特征区域划分考虑地形类型、人口规模、经济水平、交通条件、服务设施水平五个因素。

(2) 选择村庄特征区域划分的常用方法

根据影响村庄分布因素的多少，村庄特征区域划分方法可分为单一因素影响法和多因素影响法两种。

1）单一因素影响法

影响村庄特征区域划分的主导因素仅有一个时，可以根据主导因素的空间差异，将县域划分出不同村庄特征区域。

2）多因素影响法

影响村庄特征区域划分的主导因素有两个或者两个以上时，可以采用判别分析法和主成分分析法。有关主成分分析法的基本原理、方法步骤可参照第2章有关内容，在此不再赘述。下面重点介绍村庄特征区域划分的判别分析法。

根据样本属性的内在联系和主要区分度的差异，判别样本归属的方法通常有序列分类、标准定位和矩阵分类（表3-1）。虽然以上三种方法对于村庄特征区域划分都有一定的适用性，但是在县域村庄特征区域划分中通常采用矩阵分类法。

各种判别分析法方法的特点和适用对象比较 **表3-1**

方　法	主要程序	优　点	缺　点	适用对象
序列分类	求出样本综合指数，形成综合指数序列，进行聚类并确定各类属性	定量方法，相对可观	要求不同类型在同一指数上具有序列效应，不能处理短缺问题	综合指数在不同类型间具有较高区分度
标准定位	确立已知各类临界值标准，据此标准确定各类属性	标准明确，容易判断	临界值标准确定困难	涉及因素较少的类型划分
矩阵分类	首先求得分维指数进行聚类，然后对分维指数的各类进行组合并作定性评价，确定归属	定量、定性相结合，易处理短板效应	定性评价时主观因素可能影响属性结果	综合指数区分度不明显，影响因素相对复杂的分类

资料来源：陈斓．福建省主体功能区划研究．福建师范大学，2008.

采用矩阵分类法划分村庄特征区域时，可采用分步两维矩阵形式。首先，将影响村庄分布因素两两组合，进行两因素影响下村庄区域划分；然后将两因素影响下的区域划分综合集成，形成最后村庄分布特征区域。

3.1.5　村庄特征区域划分的实例解析

（1）宁夏平罗县村庄特征区域划分

在《浅议县域村庄布局规划——以宁夏平罗县为例》一文中，王晓燕（2007）采用综合评定法对平罗县域村庄特征区域进行了划分。

通过对平罗县域各乡镇现状条件的综合评定，将县域村庄空间发展区域分为积极发展区域、引导发展区域、限制发展区域、禁止发展区域四种类型，然后在此基础上对县域村庄

图 3-2　平罗县域村庄空间发展引导图

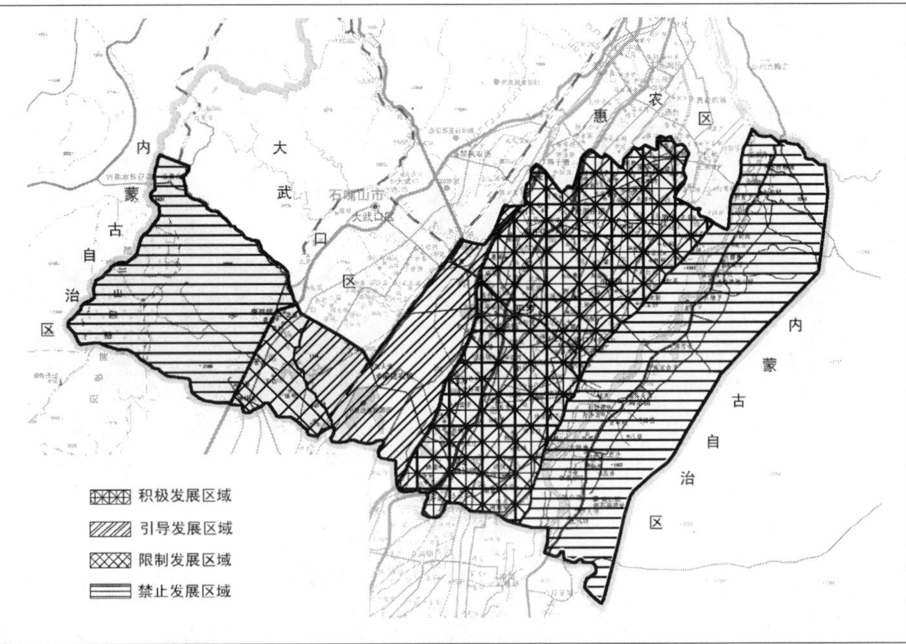

特征归类（图 3-2）。

1）积极发展区域

积极发展区域，主要指石中高速公路以东、沿黄公路以西的地区。该区域是平罗县农业主产区，也是平罗乃至全银北地区人民的粮食基地，具有得天独厚的农业生产优势。在这一区域内，应以县城和中心镇建设为龙头，大力发展中心村，积极鼓励基层村的建设；通过集中投资、重点开发，促进人口、产业、基础设施等资源集聚。

2）引导发展区域

引导发展区域，主要指 110 国道以东、包兰铁路以西部分地区以及陶银公路东侧部分地区。该区域有一定的发展潜力，种植业、养殖业、煤炭加工业等产业的发展对其起到了很大的推动作用。但由于自然条件的限制，这一区域的村庄发展环境相对较差，必须尽快通过改善局部环境、完善设施和置换陈旧功能，挖掘现有资源的潜力，保证整个村镇体系发展综合平衡。

3）限制发展区域

限制发展区域，主要指石中高速公路以西、包兰铁路以东地区，县城和中心镇的规划建设用地范围，崇岗工业园等地区。鉴于该区域村庄全部迁移实施难度较大，因此应限制村庄大规模发展，采用逐步撤并的手段，引导村庄迁移。

图 3-3　商州区村庄分布现状图

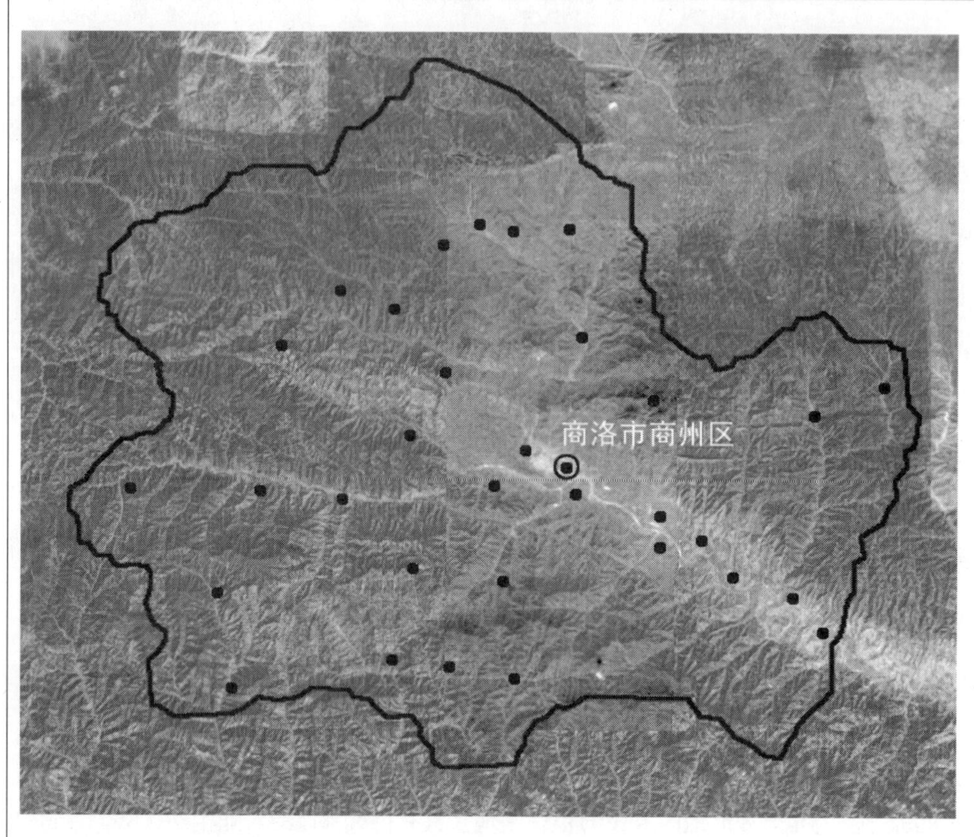

4）禁止发展区域

禁止发展区域，主要指 110 国道以西的贺兰山地区，镇朔湖滞洪区，黄河两岸防洪区，陶银公路东侧沙漠区。该区域禁止村庄建设，对现有村庄采用整体搬迁的手段，使其向发展条件好的区域迁移。

（2）陕西商洛市商州区村庄特征区域划分

陕西省商洛市商州区村庄特征区域，是根据地形地貌来进行划分，属于单一因素影响下的特征区域划分。

商洛市位于陕西省东南部，地处秦岭南麓、丹江源头。商州区是商洛市市政府所在地，全区总面积 2672km^2。商州地貌为东秦岭山地地貌的组成部分，是结构复杂的以中、低山体为主的土石山区，地势西北高、东南低。境内地貌主要分三种类型：河谷川塬地区、低山丘陵地区和中高山地区（图 3-3）。

地形地貌是影响商州区村庄分布主要影响因素。根据地形地貌差异，可将商州区村庄分布划分为三个特征区域：河谷川塬地区村庄分布区、中高山地区村庄分布区和低山丘陵区村庄分布区（樊尚新，2009）（表3-2）。

商洛市商州区不同地貌区村庄分布特点　　表3-2

地貌区	自然概况	村庄分布特点
河谷川塬地区	主要分布于丹江及其主要支流两岸，地势开阔，农作条件优越，占全区总面积的22.40%	村庄之间联系便利，村庄建设条件良好，基础设施相对完善，村庄布局和农业生产呈现出明显的均质性。村落分布在连片的农田中，村庄之间有道路连接，村庄之间的距离主要取决于人均耕地的数量和农作半径，共分布村庄84个
低山丘陵地区	位于区内北部、东北部及中部地区，低山大致呈马蹄状分布，丘陵为侵蚀切割而成，占全区总面积的45.96%	这一地区的村庄布局因地形地貌的不同而呈复合型，即村庄分散布局和均质布局都有一定体现，共分布村庄89个
中高山地区	分布于境内西北部和西部的秦岭南翼，西南部和南部的流岭及东北部的蟒岭，占全区总面积的31.64%	农业生产条件较差，可耕地总量小，基础设施覆盖面小，村庄建设条件受到地形、地质灾害因素的影响，村庄布局比较分散，通常沿沟谷布局，村庄之间距离较远，联系不便，共分布村庄130个

资料来源：樊尚新等. 陕南山区县域村庄布点规划初探. 城市规划，2009（7）：83-87.

1）河谷川塬地区村庄分布区

河谷川塬地区地势开阔，农业生产条件优越，基础设施相对完善，村庄建设条件良好且呈均质性分布状态。

2）中高山地区村庄分布区

中高山地区农业生产条件较差，可耕地总量小，村庄受到地形、地质灾害等因素的影响布局比较分散，村落主要是依山就势，通常沿沟谷分布。

3）低山丘陵区村庄分布区

低山丘陵区村庄布局为复合型，均质性分布和沿沟谷分布两种情况均有所体现。

（3）浙江保留村庄特征区域划分

秦杨（2007）在浙江省县（市）域村庄布点规划研究中，综合考虑地形类型、人口规模、经济水平、交通条件和服务设施水平五项因素划分了村庄特征区域，属于多因素影响下村庄特征区域划分。

1）选择影响保留村庄的主要因素

通过综合分析，确定地形条件、人口分布、经济水平、交通条件以及服务设施水平是影响浙江省保留村庄的主导因素，分析其与保留村庄的关系及其影响下的保留村庄特征。

2）分析影响因素与保留村庄的关系

① 地形条件

将浙江省地形地貌图与村庄分布特征（最稠密与最稀疏）地区空间区位图进行叠加，可以看出村庄分布最稀疏的乡镇大多位于浙西南与浙西北的高山地区。该地区地势起伏较大，可用于耕作的土地分布较分散，故造成耕作半径相对较大，村庄分布也就比较分散。村庄分布最稠密的地区多分布在浙东南延伸入海的丘陵区以及中部500m以下的丘陵、盆地与河谷平原。较低的丘陵与平原地形易于开展农业活动，村庄分布相对较为稠密。

② 人口分布

通过分析浙江省村庄人口分布与村庄密度关系可知，村庄分布最稀疏的乡镇，其人口密度相对也较低，即人口分布较稀疏；村庄分布最稠密的乡镇，其人口密度相对也较高，即人口分布较稠密。

③ 经济水平

通过分析浙江省村庄经济水平与村庄密度关系可知，村庄分布最稀疏的乡镇，其经济水平也相对较低。相反，村庄分布最稠密的乡镇，其经济水平也相对较高。

④ 交通条件

通过分析浙江省村庄交通条件与村庄密度关系可知，村庄分布最稀疏的乡镇，其交通条件也较差；而村庄分布最稠密的乡镇，其交通条件一般不会过差，同时交通条件水平较高的乡镇占多数。

⑤ 服务设施水平

通过分析村庄服务设施水平与村庄密度关系可知，村庄分布最稀疏的乡镇，其服务设施水平也比较低；而村庄分布最稠密的乡镇，其服务设施水平一般比较高。

综上所述，浙江省村庄分布最稀疏的地区绝大多数分布在山地丘陵地区且多为高山区。该地区地势起伏较大，不易于开展农耕活动；交通相对不发达，与外界联系不畅；经济水平相对较低，产业缺乏吸引力。浙江省村庄分布最稠密的地区大多位于河谷平原、盆地及低海拔丘陵地区。该地区有利于农耕活动的开展；交通相对便利，村庄间的联系紧密；经济水平较高，产业具有吸引力。

3）划分浙江省保留村庄特征区域

经过对浙江省县域保留村庄现状分析以及保留村庄典型区域保留村庄现状分析两部分内容的探讨，可将浙江省保留村庄现状及特征进行归类（表3-3）。

浙江省保留村庄现状及特征分类表 **表3-3**

村庄分布特征	地形类型	人口分布特征	经济水平特征	交通条件特征	服务设施水平特征
分布稠密	浙东、浙南延伸入海的丘陵区	稠密	高	较好	较好
	中部500m以下的丘陵、盆地与河谷平原	稠密	高	好	好
分布稀疏	绝大多数分布在山地丘陵地区（且多为高山区），空间上多在浙西南、西北山区	稀疏	低	差	较差
	浙江省除以上地区的其他地区	居中	较高	一般	一般

资料来源：秦杨. 浙江省县（市）域村庄布点规划研究. 浙江大学，2007。

表3-3的内容分类总结了浙江省各地区保留村庄现状及特征，对浙江省保留村庄有了一个总体的认识。根据这一归纳总结，结合全省地形地貌特征可将浙江省全省的保留村庄划分为四个特征区域（表3-4）。

浙江省四个村庄特征区域保留村庄现状及特征表 **表3-4**

特征区域编号	空间区位	地形类型	村庄分布特征	人口分布特征	经济水平特征	交通条件特征	服务设施水平特征
1	浙东、浙南延伸入海的丘陵区；中部500m以下的丘陵区	低丘陵	稠密	稠密	高	较好	较好
2	中部盆地与河谷平原；浙东北平原	盆地与平原	稠密	稠密	高	好	好
3	浙西南、西北的山区	山地丘陵	稀疏	稀疏	低	差	较差
4	浙江省除以上地区的其他地区	复杂地形	居中	居中	居中	居中	居中

资料来源：同上表。

3.2 村庄人口规模等级体系与设置标准

3.2.1 村庄人口规模等级体系

（1）村庄体系

村庄体系与城镇体系、村镇体系关系密切，共同构成了我国城乡居民点体系。

1）概念辨析

城镇体系是指一定地域范围内，以中心城市为核心，由一系列不同等级规模、不同职能分工、相互密切联系的城镇组成的有机整体。城镇体系是区域城镇群体和区域社会经济发展到一定阶段的产物。

图 3-4　三大体系规划关系图

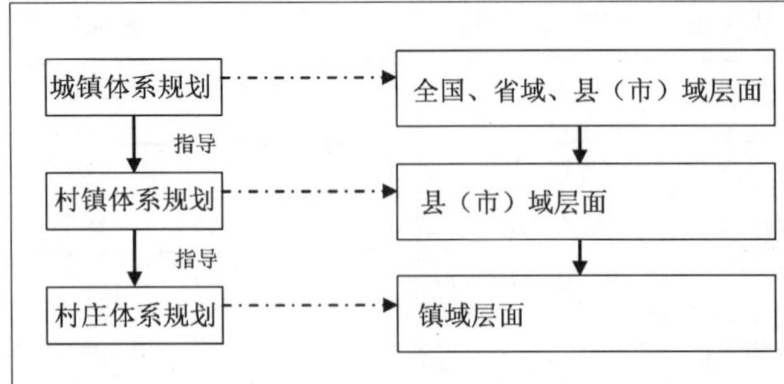

村镇体系概念最早是在《县域村镇体系规划编制暂行办法》提出的，指一定地域范围内，不同等级、不同规模、不同职能类型、不同层次结构的村镇居民点组成的密切联系又分工协作的空间有机群体。村镇体系是在社会生产力发展中逐渐形成的，也是地区的自然、经济和社会多种因素综合作用的结果。

村庄体系是指一定地域范围内，不同等级、不同规模、不同职能类型的村庄所组成的有机整体。

从上述概念中不难发现，第一，三个体系都强调了“空间”概念，即“一定地域范围”。所不同的是三者地域范围不同，其中城镇体系所指的地域范围一般分为在全国、省域（或自治区）、市域（包括直辖市、市和有中心城市依托的地区、自治州、盟域）和县域（包括县、自治县、旗域）；村镇体系所指的地域范围一般是县域；村庄体系的地域范围一般是镇域。第二，三个体系本质都是有机整体，即是由一系列具有内在联系的不同等级、规模、功能构成要素组成的空间集合体。所不同的是三者的研究对象不同，城镇体系一般由城、镇组成；村镇体系一般由村、镇组成；村庄体系则一般由村庄组成。

2）三者关系

城镇体系、村镇体系、村庄体系分别属于不同级别的居民点体系。其中，城镇体系位于城乡居民点体系的最上级，引导村镇体系、村庄体系的构建。村镇体系位于城乡居民点中间层面，其构建要以上级城镇体系为依据，同时又引导下级村庄体系的构建，在我国城乡居民点体系中起着承上启下作用。村庄体系位于城乡居民点体系的最下级，其构建要以上一级的城镇体系、村镇体系为依据，在城镇体系、村镇体系引导下构建农村地区居民点体系（图 3-4）。

（2）村庄等级体系

1）村庄等级体系构成要素

根据《镇规划标准》(GB 50188—2007)，村庄分为中心村和基层村。有关中心村和基层村的内涵，目前国内还没有统一明确的概念。本书在综合相关研究的基础上，认为中心村和基层村的划分，属于规划层面范畴，区别于行政范畴的行政村、自然村划分。

中心村是指一定农村地域范围的服务中心，具有一定人口规模，配置一定公益性基础设施和公共服务设施，能够为本村和周边基层村提供一定服务职能的行政村。从上述概念中，可以发现中心村一般应具有三个特点：一是，中心村人口规模较大；二是，中心村配置相对齐全的基础设施和服务设施；三是，中心村是一定地域范围的服务中心，能够替代城镇部分功能服务周围地区。

基层村一般与中心村相对应，是镇域村庄体系规划中除中心村以外的居民点。基层村是村庄体系规划中最底层的居民点。与中心村相比，基层村具有两个特点：一是，基层村规模相对较小；二是，基层村配置较小规模的公共服务设施和简单的生活福利设施。

2）村庄等级体系一般类型

等级体系是指体系内各构成要素之间的组织关系。村庄等级体系，就是村庄体系中不同层次、不同规模的村庄之间在质和量方面所形成的组合关系。

在村庄体系重构规划实践中，一般将村庄等级体系划分为集镇—中心村—基层村三级体系。我们认为，将集镇作为村庄等级体系的一级缺乏科学性。首先，按照行政范畴，村庄分为行政村和自然村，集镇不属于村庄范畴；其次，在我国集镇是“经县人民政府确认的由集市发展而成的作为农村一定区域经济、文化和生活服务中心的非建制镇”，这种界定不明确，在实践中很难实施运作；第三，从规划衔接方面来看，上位等级体系规划中也缺少集镇的定位和说明，如城镇体系一般分为中心城市、一般城市、重点镇和一般镇，村镇等级体系分为县城、中心镇、一般镇和中心村。因此，集镇实际上是游离于实践之外的理论概念。

本书中，根据村庄居民点特点和村庄分类，建议村庄等级体系一般划分为镇—中心村—基层村三级，而集镇属于一种特殊的中心村。在上层次城镇体系规划、村镇体系规划中，镇的等级已给予确定，这里之所以把镇作为村庄体系一级，主要是为了与上层次体系规划衔接，即镇只是作为一个衔接节点，村庄体系规划的重点在于中心村和基层村。在实践中，除了一般模式外，还有两种特殊的模式：镇—中心村模式或者镇—基层村模式。

（3）村庄等级体系确定

在村庄体系重构规划中，确定村庄等级体系的基本步骤如下：

1）解读上位规划

收集已经编制的城镇体系规划和村镇体系规划成果，掌握上位规划中有关中心村、基层村名称、数量、规模等方面的资料，并作为村庄体系重构规划中确定中心村或基层村的依据之一。

2）明确规划对象

收集乡镇总体规划，了解镇总体规划中所划定的规划区范围，并在镇域村庄居民点现状图中标出镇区规划范围。镇区规划范围以外的村庄为村庄体系重构规划研究的对象。

3）确定村庄等级体系

在参照上位规划确定的村庄等级基础上，综合考虑规划区以外村庄发展现状，然后确定村庄等级体系。具体做法是如果规划区以外村庄数量多，且在上位规划中确定了中心村，则村庄等级体系一般采用镇—中心村—基层村模式；如果规划区以外的村庄数量少、规模大、设施好，且在上位规划中确定了中心村，则村庄等级体系一般采用镇—中心村模式；如果规划区以外的村庄数量少、规模小、设施少，且在上位规划中未设中心村，则村庄体系一般采用镇—基层村模式。

3.2.2 村庄人口规模设置标准

（1）村庄人口规模设置的基本原则

1）因地制宜原则

不同特征区域内村庄分布差异较大，在制定保留村庄人口规模设置标准时，应当坚持因地制宜原则，即根据各村庄特征区域内村庄人口分布特点，合理制定出适合本村庄特征区域内保留村庄人口规模。地势平坦、经济发展水平较高的区域，保留村庄人口设置标准可稍高些；而山区、经济发展水平较低的区域，保留村庄人口设置标准就要稍低些。

2）分类指导原则

按照村庄等级体系，保留村庄分为中心村和基层村两种。基层村是村庄体系中最基层的居民点，其人口规模相对较小。中心村是一定地域范围的服务中心，其周围一般有几个基层村，其人口规模较大。在制定保留村庄人口规模设置标准时，要针对中心村和基层村的差异，分别制定其村庄人口规模标准。

3）适度规模原则

村庄人口规模是确定村庄是否保留，以及保留村庄建设用地和设施配置的基本依据。在制定村庄人口设置标准时，村庄人口设置标准不是越大越好，而是应坚持适度规模原则，这是因为如果村庄人口规模标准偏大，势必造成村庄拆迁率过高、建设用地浪费、配套设施闲置；相反，如果村庄人口规模标准偏低，也会造成村庄拆迁率过低、建设用地紧张、配套设施不足。

（2）村庄人口规模设置的方法步骤

1）收集相关政策规定

确定村庄人口规模设置标准时，需要参照上级政府部门（包括国家、省、县）对村庄人口规模设置标准的相关规定。在国家层面上，关于村庄规划建设的技术规定有《村庄和集镇规划建设管理条例》、《镇规划标准》(GB 50188—2007)。《村庄和集镇规划建设管理条例》没有涉及村庄规模，《镇规划标准》(GB 50188—2007) 中涉及村庄人口规模，但是该标准仅是按照人口规模将村庄划分为四种类型，其中小型村人口不足200人、中型村人口在200~600人、大型村600~1000人和特大型村1000人以上，并未提出保留村庄设置的最小人口规模。

在省域层面上，各省一般也有村庄规划建设技术要点，并提出了村庄人口最小规模。如《河南省社会主义新农村村庄建设规划导则》明确提出，每个村庄集聚的居住人口规划一般以不低于800人为宜，每个农业劳动力按15~20亩耕作考虑。而浙江省则规定中心村（农村社区）按中心镇的标准建设，人口规模为3000~10000人。

在县域层面上，一般根据省里有关村庄规划建设技术要点，提出村庄人口最低规模。

2）借鉴规划实践经验

北京市在全国率先编制了村庄布点规划，此后许多市、县也纷纷编制村庄体系重构规划。这些村庄体系规划成果为我们提供了经验，可以借鉴其他市、县规划中制定的各类村庄人口最低标准。对于没有提出村庄人口标准的，可以根据规划确定的各类村庄数量和村庄人口规模，推算出各类村庄的平均人口数，作为村庄人口规模设置的参考依据。

3）计算设施门槛人口

村庄人口规模的确定还可以根据各类公共服务设施的门槛人口。例如中心村应设置小学，参照邻里单位的规模用小学学区范围来确定的做法，中心村的规模同样应该满足小学生上学不出村的要求，同时满足小学班级学生人数满负荷，折算出中心村人口规模。

（3）村庄人口规模设置的实例分析

在德城区村镇体系规划中，根据镇（街办）综合发展能力的差异和城镇化水平的不同，将它们分成两种类型，并分别制定中心村和基层村的设置标准。

1）划分村庄分布地域类型

根据区位、经济发展、交通条件等因素，以镇（街办）为单位将德城区划分为两个区域。其中，Ⅰ类地区为规划区范围内的镇（街办）；Ⅱ类地区包括位于规划区范围以外的乡镇。

2）制定各类村庄设置标准

根据德城区村庄现状分布特点，结合国家、省有关村庄规模的规定，提出了德城区不同区域各类村庄设置标准，如表3-5所示。

德城区各镇（街办）各类村庄设置标准　表 3-5

地区类型	Ⅰ类地区	Ⅱ类地区
镇（街办、区）	新湖街道、广川街道、运河街道、新华街道、天衢街道、新城街道、宋官屯镇、	二屯镇、黄河涯镇、抬头寺乡、袁桥乡、赵虎镇
中心村	>2000 人	>1500 人
基层村	>800 人	>800 人

3.3 村庄发展综合评价

村庄发展综合评价，是把影响村庄发展的各项因素归结到村庄搬迁成本、城镇化能力和土地获得潜力三个方面，并利用定量与定性相结合的方法对村庄的保留或者迁移作出有说服力的评判，为选择中心村、基层村提供依据。

3.3.1 村庄发展影响因素

虽然村庄发展既受到区域城镇化进程、农业现代化水平、“增减挂”政策等外部力量的影响，又受到源于自身的各种力量的作用，但是出于比较的目的去评价某一地域内村庄发展，可以侧重于从村庄自身各种因素去分析。为此，本书从村庄规模、经济发展、设施水平、居住环境、城镇化能力和耕地获得潜力等方面分析村庄发展。

（1）村庄规模

村庄规模一般是指村庄人口的多少，它直接影响着村庄发展潜力和设施配套水平。一般来说，规模较大的村庄中公共设施配置相对齐全，村庄发展潜力较大；规模较小的村庄中公共设施较为稀缺，发展会受到严重限制。

（2）经济发展

经济发展对村庄发展的影响主要表现在两个方面：一是经济发展水平较高的村庄，其资源整合能力较强，可以进一步促进村庄经济发展；二是经济发展水平较高的村庄，基础设施水平较高，房屋建筑质量较好，村庄迁移成本却较大。

（3）设施水平

村庄设施包括公共服务设施和市政基础设施两部分。小学、商店、文化大院、市场等公共服务设施，道路交通、电力电信、给水排水和热力等市政基础设施配置齐全的村庄，具有较强的生产要素聚集能力与可持续发展能力。以道路交通为例，国道、省道沿线村庄分布密集，村庄经济条件相对较好。

（4）居住环境

村庄居住环境包括村庄内部生活环境以及周边地区环境。村庄内部生活环境主要由房屋建筑质量决定，村庄周边环境由农田、林地、水域、山丘等组成。通常保留房屋建筑质量好的村庄，搬迁房屋建筑质量较差的村庄，以便降低村庄迁移成本；保留周边地区环境好的村庄，搬迁周边地区环境质量较差的村庄，从而创造高质量的人居环境。

（5）城镇化能力

随着我国城镇化进程加快，农村地区的人口和产业不断向城镇集中，致使城镇规模不断扩大，村庄人口大规模流失。城镇化对村庄的影响主要表现在三个方面：一是，城镇发展吸引了众多农村剩余劳动力进入城镇就业，这部分劳动者的收入被带回农村从而促进村庄建设发展；二是，城镇用地规模的扩大侵占了周边村庄的用地，使这些村庄变成了城镇地区；三是，区域内城镇产业迅速发展，带动了村镇工业发展，特别是一些与农产品相关的产业在村镇发展迅速，提高了村庄的经济收入。

村庄的城镇化能力可以用村庄内非农产业就业人口占劳动人口的比例，即外出务工人员数占劳动人口的比例来衡量。一般来说，城镇化能力越强的村庄，受耕作半径束缚的人数就越少，因而越容易搬迁。

（6）土地获得潜力

随着城乡建设用地增减挂政策的选点试行，村庄土地获得潜力也成为影响村庄发展的重要因素。土地获得潜力，是指通过村庄整合把空闲宅基地集中连片并复耕的能力。它既可以用复耕土地亩数来衡量，又可以用复耕土地占村庄建设用地的比例来表示。一般来说，土地获得潜力越高的村庄，可整理出来的土地就越多，从而越应该搬迁。

3.3.2 村庄评价指标体系

选择有效的评价指标，构建一套比较合理的指标体系，是科学评价村庄发展综合的前提和基础。

（1）指标体系构建的原则

影响村庄发展的因素较多，但村庄发展的统计数据却不全面。为了简化评价工作，在选择评价指标时不应面面俱到而要突出重点，因此必须坚持如下原则。

1）客观性与实用性相结合

村庄发展综合评价涉及村庄自然、社会、经济、环境等多个方面，在指标体系的确定中应避免各因素之间的冲突而导致指标取向的片面性。指标选择和确定的最终目的是为了给规划决策人员提供依据，为管理部门提供参考，因此确定指标必须注重描述的准确性和内容的简明性，使指标具有较强的可操作性。

2）定量与定性相结合

为增强评价结果的科学性，村庄发展综合评价尽可能选取可量化的指标，而力求少用难以量化的模糊型指标。可是，现阶段我国村庄发展相关数据尚不齐全，评价中不可避免地会出现一些定性指标。对于这些定性指标，能够量化的尽量量化，难以量化而有必要的指标，可以通过分类或者赋值方法来处理。

3）一般性和特殊性相结合

村庄具有很强的地域性，即使是在同一个乡镇内，各个村的自然条件、生产生活方式也不尽相同。在选取指标时，既要尽可能注意指标的统一性，使指标具有可比性，又要考虑地区经济的发展水平，兼顾不同村庄间的差异，结合实际情况进行确定。

（2）评价指标体系的构建

由于村庄发展受众多因素影响，且各因素之间相互联系、相互制约，所以应将影响村庄发展的因素转化为多项评价指标，通过层次分析法来构建村庄发展综合评价指标体系。

村庄发展综合评价指标体系包括目标层、系统层、准则层及指标层四个层次。其中，系统层由村庄搬迁成本、城镇化能力和土地获得潜力三部分组成（表3-6）。

村庄发展综合评价指标分层一览表　　表3-6

目标层（A）	系统层（B）	准则层（C）	指标层（D）
村庄发展综合评价	村庄搬迁成本	村庄规模	人口规模
		经济发展	村民人均收入
			集体经济收入
		公共服务设施	小学、幼儿园
			卫生所
			文化大院
			体育活动场地
			小商店
			农贸市场、集市
		市政基础设施	道路交通
			给水排水
			电力电信
		居住环境质量	房屋建筑质量
			人均住房面积
			环境整治费用
	城镇化能力	区　　位	是否位于镇区内
			是否位于经济区
			是否位于经济走廊上

续表

目标层（A）	系统层（B）	准则层（C）	指标层（D）
村庄发展综合评价	城镇化能力	劳动力结构	就业结构
			外出务工人员的比例
	土地获得潜力	居民点用地	建设用地总量
			户均宅基地面积

（3）指标相关内容的说明

1）村庄搬迁成本指标

村庄搬迁成本受村庄人口规模、人均收入、集体经济收入、公共服务设施、道路交通状况、给水排水设施、电力电信设施、房屋建筑质量、人均住房面积和环境整治费用的综合影响。

① 人口规模——该数据可以从县域或镇域统计资料上直接获得。

② 村民人均收入——该数据一般从统计资料上获取。

③ 集体经济收入——该数据一般从统计资料上获取。

④ 公共服务设施——包括小学、幼儿园、卫生所、文化大院、体育活动场地、超市、商店、农贸市场、集市等内容，一般调查从各自主管部门获取资料，也可以通过实地调查确定。

⑤ 道路交通状况——是指村庄内部道路情况，一般可以通过调查获得村庄道路硬化情况。

⑥ 给水排水、电力电信设施——一般可以通过实地调查获取资料。

⑦ 房屋建筑质量——是指村庄房屋在建筑结构、建筑设计等方面的优劣，一般通过现场勘查获取。房屋建筑质量可以通过给村庄房屋建筑质量分等定级来表征，也可以用各类建筑所占比例来表征。

⑧ 人均住房面积——该数据一般通过现场调查获得。

⑨ 环境整治费用——一般通过访谈获得。

2）村庄城镇化能力指标

村庄城镇化能力受是否位于镇区、经济区内，经济走廊上，以及村庄就业结构、外出务工比例的综合作用。

① 是否位于镇区内——是指村庄是否位于乡镇建成区或规划区内，一般通过查阅乡镇总体规划确定。

② 是否位于经济区内——是指村庄是否位于乡镇、县域或大区域经济区内，一般通过查阅相关规划确定。

③ 是否位于经济走廊上——是指村庄是否位于县域或大区域经济发展轴上，一般通过查阅相关规划确定。

④ 就业结构——是指村庄从事各种行业的劳动力比例，一般通过调查获得。

⑤ 外出务工人员比例——是指外出务工劳动力占村庄劳动力的比例，一般通过调查获得。

3）村庄土地获得潜力指标

村庄土地获得潜力等于建设用地总量减去规划户均宅基地面积与户数的乘积，再减去公共绿地、公共服务设施、市政工程设施和道路交通用地的差。

① 建设用地总量——是指村庄居民点占地总量，一般通过调查或从现状图上测量获得。

② 户均宅基地面积——一般通过调查或从现状图上测量获得。

3.3.3 指标权重确定方法

建立了评价指标体系以后，村庄发展综合评价工作中下一个应解决的问题是如何将众多指标转化成一个综合指数。这必须运用数理统计方法科学地确定各指标的权重，采用公式将各指标的权重和数据值叠加成综合指数。因此，多指标评价的关键就是各指标权重值的确定。

确定指标权重的方法有多种，如专家评估法（Delphi）、数据包络分析法（DEA）、层次分析法（AHP）、模糊数学综合评判法、主成分分析法、因子分析法和聚类分析法等。根据各评价方法特点，借鉴相关实践经验，一般采用层次分析法确定指标权重。关于层次分析法的基本原理在第2章中已经介绍过了，下面重点介绍运用层次分析法确定权重的步骤。

（1）确定各指标相对重要性

可以通过专家咨询法确定各指标相对重要性，即通过向有关专家发放征询问卷，根据征询结果确定指标的相对重要性，过程如下：

1）选择专家

选择专家是专家咨询的关键环节，专家选择得恰当与否，决定着运用专家咨询法确定相对重要的准确性。因此，确定村庄综合评价指标相对重要时，所选的专家不仅应了解和熟悉村庄建设发展，而且要具有深厚的专业理论、丰富的工作经验和有较强的分析预见能力，其学术观点和见解要有代表性和权威性。

确定了专家选择对象之后，所选专家人数的多少也非常重要。一般而言，专家应在10～15人之间，因为人数过少不能保证专家的代表性，必然影响评价结果的准确性；人数过多，不仅工作量大、时间长，而且容易造成意见不统一。

2）设计征询表

为了便于评选和统计，通常将村庄发展综合评价指标体系制成简明易懂、方便填写的意见征询表。设计好表格之后，还要准备本次评定的背景材料、因素含义、调查目的及填表方法等说明资料，以备专家明确调查表中各项目的含义、要求，便于各专家准确地表达自己的评价意见。

3）统计并处理征询表

将设计好的意见征询表及有关资料送给所选专家，在确保专家互不通气、互不见面和不受任何心理影响的情况下，各自就征询表中的问题发表书面意见，并按期收回。

征询结束后，需要对专家意见进行整理、辩误，然后进行定量统计和评价，得出各专家所给指标相对重要性的均值、极差和方差，并将其以相应的表格形式汇总。根据上述三项统计指标，可以了解每轮调查中专家意见的趋向和分散程度，以便将本轮结果反馈给专家，对下轮测定提供有用的参考资料，或者取得准确的最终结果。

在下一轮意见征询中，各位专家根据上轮测定统计出的均值、极差和方差，调整自己与其他专家意见的异同、差距，修正自己的意见，从而使均值逐渐接近最后结果，极差和方差越来越小，即专家意见趋向一致。这样经过多轮测定，直到各位专家对自己的判断意见比较固定，不再修改为止。

（2）构造指标比较分析矩阵

经过专家咨询，确定各指标相对重要程度，并运用统计方法加以统计归纳。专家确定的各指标的相对重要程度，可用等级表示——好、较好、中、可以、差，并相应给定数值，便于评价统计。通过对各指标的两两判断，得出村庄发展综合评价指标判断矩阵分析表。

（3）计算各指标的权重大小

计算矩阵的最大特征值和特征向量，确定每项指标的相对重要性，即权重值。

3.3.4 综合评价工作流程

村庄发展综合评价工作，由收集村庄现状资料、构建评价指标体系、汇总整理原始数据、处理成标准化数据、确定各指标的权重、计算并修正综合指数六个环节构成。

（1）收集村庄现状资料

村庄发展综合评价的基础是村庄现状资料的收集。村庄现状资料来源于两个方面：一是现有统计资料，如县统计年鉴或者镇统计报表中村庄人口、用地等方面的基本情况统计；二是村庄调查问卷，问卷可以结合村庄特点和评价需要进行设计，内容包括村庄基本情况、社会经济发展、道路交通设施、市政基础设施及公共服务设施情况的调查。

（2）构建评价指标体系

在借鉴其他县域村庄评价经验基础上，根据村庄现状资料收集情况，构建起科学而有针对性的村庄发展综合评价指标体系，并对各指标进行解释、说明。

(3) 汇总整理原始数据

根据前面对数据、指标的说明，对村庄综合评价的数据进行汇总整理，建立数据文件。数据文件可以先在Excel中将各村庄名称、系统名称、指标名称作为变量列于表格中，然后将各村庄的具体数据输入表中。

(4) 处理成标准化数据

由于村庄综合评价指标体系中各系统层的指标的计量单位不同，而且各指标数量差别比较大，所以不能直接进行综合计算。为了解决各指标因量纲不同而无法综合计算的问题，需要对村庄各项指标的实际数值进行标准化处理，其计算公式为：

$$Z_{ij}=\frac{X_{ij}-X_i}{S_i} \tag{3-1}$$

其中，Z_{ij}为第j个村庄的第i个实际指标的“标准化”值，X_{ij}表示在第j个村庄X_i的实际值，X_i为第i个指标的平均值，S_i为第i个指标的标准差。

通过标准化处理以后，所有指标变成无量纲形式，这样就可以对各指标进行综合计算了。

(5) 确定各指标的权重

采用层次分析法，确定村庄综合评价中各系统层、各指标层的权重值。

(6) 计算并修正综合指数

1）计算综合指数

利用公式，计算各村庄综合评价的指数。具体方法是将各村庄每项指标标准化数值与该指标权重乘积相叠加而得到综合指数。

$$W_i=\sum_{i=1}^{n}f_iZ_i \tag{3-2}$$

其中，f_i为各指标权重，Z_i为各村庄每项指标标准化数值，W_i为各村庄发展能力综合评价指数。

2）修正综合指数

各项指标数据“标准化”以后，有些村庄发展综合评价指数可能成为负值，这样使得其物理意义难以解释。因此，为了直观地表征各村庄发展情况，需要对综合评价指数进行修正。

数据修正采用“归一化”方法，修正以后，村庄发展能力的最高数值为1、最低数值为0，多数村庄发展能力数值介于0~1之间。然后，根据各村庄发展能力综合指数修正值进行排序。

$$F_i=\frac{W_i-\min W_i}{\max W_i-\min W_i} \tag{3-3}$$

图 3-5 昌平区地理区位图

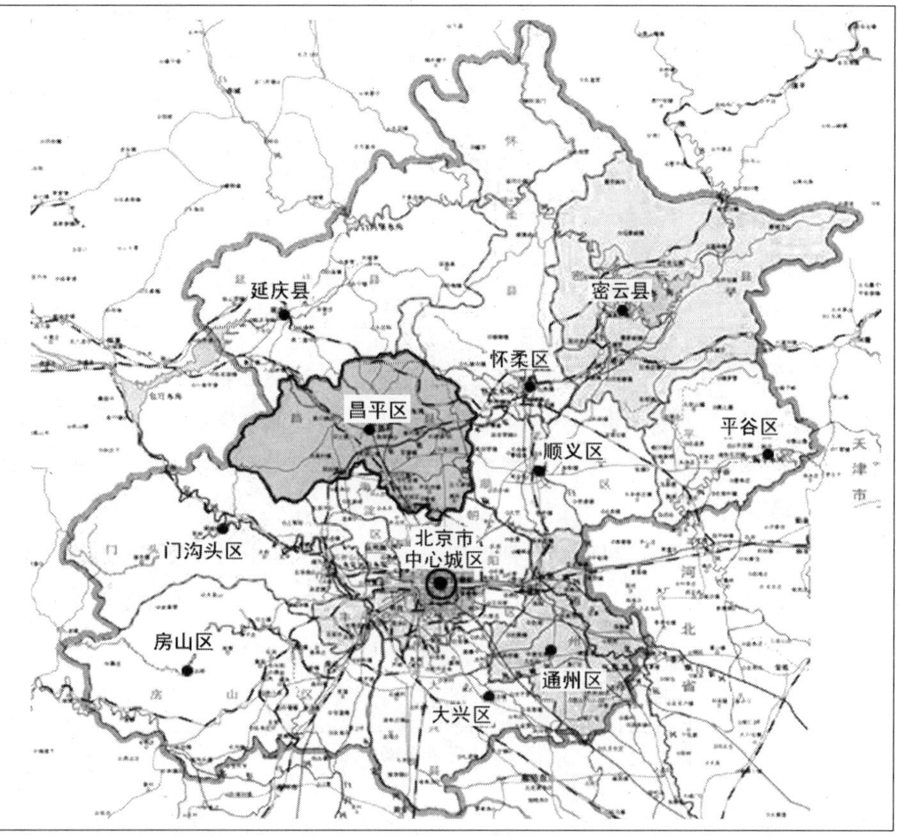

其中，F_i 为各村庄发展能力综合指数修正值，W_i 为各村庄发展能力的综合指数，$\max W_i$ 为各村庄发展能力的综合指数的最大值，$\min W_i$ 为各村庄发展能力的综合指数的最小值。

3.3.5 村庄发展综合评价实例

何灵丽（2007）在北京市昌平区村庄整合分类研究中，运用了综合因素分析方法对村庄发展潜力进行评价。

昌平区位于北京市区北部，燕山与西山的汇合处，北靠延庆县、怀柔区，东与顺义区接壤，南邻朝阳区、海淀区、门头沟区，西与河北怀来县为邻（图 3-5）。它北依燕山、南俯北京城区，是首都的北大门。最南端距市区约 10km，区中心距市区德胜门 34km。全区总面积为 1352km^2，为半山区县，其中山区面积为 800km^2，占总面积的 59.2%，平原面积为 552km^2，占总面积的 40.8%。

昌平区现辖 15 个镇、2 个办事处，共有 305 个村民委员会。按照村庄人口的数量对昌平村庄规模进行划分，共分为四类，分别为小型村（不足 200 人）、中型村（201～600 人）、大型村（601～1000 人）和特大型村（1001 人以上）。经统计，昌平区各类型村庄数量及所占比例见表 3-7，可以看出，特大型村庄所占比例最大，中型村和小型村数量相当，另外还有少量的村庄面积较小。

昌平区村庄规模统计表　　表 3-7

	小型村	中型村	大型村	特大型	总计
行政村数量（个）	21	84	82	118	305
占村庄总数比重（%）	6.98	27.54	26.89	38.69	100

（1）选择评价指标

昌平区村庄发展评价指标选择了影响村庄发展的各类要素，总结后分为四大类，即经济条件、地理环境、村庄建设和村庄规模。这四类因素对村庄发展起着相对重要的作用。

（2）确定指标权重

经过对北京农村地区村庄的实地调研及细致分析，确定村庄发展综合评价体系的各项指标的权重（表 3-8）。

村庄发展潜力评价体系指标权重　　表 3-8

一级系统	权重	二级系统	权重
经济条件	0.40	产业发展条件	0.40
		人均收入	0.30
		村集体年收入	0.30
地理环境	0.30	对外交通条件	0.60
		地理位置	0.40
村庄建设	0.20	给水设施	0.25
		污水处理方式	0.25
		公共服务设施完善程度	0.20
		村庄道路设施	0.20
		60% 以上垃圾收集	0.10
村庄规模	0.10	居民点用地规模	0.60
		人口规模	0.40

（3）评价体系建立

1）评价体系框架

北京市昌平区村庄发展综合评价体系如表 3-9 所示。

昌平区村庄发展潜力评价表 **表 3-9**

评价指标及权重		评分标准				分值	
评价指标	权重	100分	75分	50分	25分	单项	综合
产业发展条件							
人均收入							
村集体年收入							
对外交通条件							
地理位置							
给水设施							
污水处理方式							
公共服务设施完善程度							
村庄道路设施							
60%以上垃圾收集							
居民点用地规模							
人口规模							

2）评价体系相关内容说明

① 产业发展条件

Ⅰ级——村庄产业已有一定规模，效益呈递增趋势，且周边产业环境良好；

Ⅱ级——村庄产业初具规模，效益无明显增长，周边产业环境一般但有挖掘潜力；

Ⅲ级——村庄产业还未成规模，产业环境较差，挖掘潜力较小，效益较差；

Ⅳ级——村庄产业未成规模且无明确方向，基本无效益。

② 对外交通条件

Ⅰ级——对外交通便利，与市级以上道路相连，距离在1km以内的村庄；

Ⅱ级——对外交通较便利，与区县级道路相连，距离在1km以内的村庄；

Ⅲ级——对外交通较为不便，仅与乡镇级道路相连，距离在1km以内的村庄；

Ⅳ级——对外交通不便，与乡镇级道路相距5km以上或仅与乡镇级以下的道路相连的村庄。

③ 给水设施

Ⅰ级——已接入市政给水管网；

Ⅱ级——自备井取水，水质达标；

Ⅲ级——自备井取水，水质不达标；

Ⅳ级——无自备井。

④ 污水处理方式

Ⅰ级——雨污分流，接入市政污水管网；

Ⅱ级——雨污分流，村内污水管道，部分或全部改厕；

Ⅲ级——雨污合流，明沟排水，住户部分改厕；

Ⅳ级——雨污合流，自然排放，住户没有或部分改厕。

⑤ 公共服务设施完善程度

村庄公共服务设施所包含具体项目如表3-10所示。

公共服务设施包含项目列表 **表3-10**

类别	所含项目
教育机构	托幼、中小学
医疗卫生机构	卫生站、诊所等
文体娱乐设施	文化站、老年活动中心、广播站、活动场地
行政管理机构	村委会、其他管理机构
商业服务设施	小型超市、旅馆、餐饮小吃店、理发浴室
交通设施	公交站点

Ⅰ级——所列六类全部包含且60%以上达到北京村庄公共服务设施配置标准的村庄；

Ⅱ级——包含其中四类至五类公共设施的村庄；

Ⅲ级——包含其中两类至三类公共设施的村庄；

Ⅳ级——包含其中一类以下公共设施的村庄。

⑥ 村庄道路状况

Ⅰ级——村庄主要道路为柏油路，路面质量好；标志线、路灯、绿化等配套交通设施完善；次要道路和宅间小路全部硬化；

Ⅱ级——村庄主要道路为柏油路，路面质量一般；标志线、路灯、绿化等配套设施不完善，大多数次要道路和宅间小路硬化；

Ⅲ级——村庄主要道路为水泥路，路面质量差；部分次要道路和宅间小路硬化；

Ⅳ级——村庄主要道路没有硬化，路面为沙石路或土路，配套设施不完善，次要道路和宅间小路为土路。

⑦ 60%以上垃圾处理方式

Ⅰ级——密闭垃圾箱，村庄收集，定期由镇里处理；

Ⅱ级——垃圾池与垃圾箱结合，定期由镇里处理；

Ⅲ级——垃圾池收集，村处理或不定期镇处理；

Ⅳ级——自然堆放，无人处理。

（4）计算方法

计算综合评价值应选择加权求和的方法，将每一项的评分标准与其所占的权重相乘得出其单项分值即 $E_i=Q_iP_i$，再用数学模型计算出每个行政村的总评价值，基本公式为：

$$E=\sum_{i=1}^{n}Q_1P_1 \tag{3-4}$$

其中，Q_i 为某个行政村第 i 个指标综合评价的结果值，P_i 为第 i 个指标的权重，E_i 为第 i 个评价指标的单项分值，i 为评价指标的数目。

（5）评价结果

村庄发展综合评价分值越大，说明该村庄的发展潜力越大，建议各镇可根据本镇的具体发展情况选择相应比例的综合分值较高的村庄作为保留、重点发展型村庄，分值较低的村庄作为保留、适度发展型村庄，分值最低的村庄为保留、控制发展型村庄，即将发展型村庄分为 A、B 两类，其相关内容如表 3-11 所示。

指标类型划分及说明 **表 3-11**

类　别	类　型	类 型 说 明
A 类	保留、重点发展型	村庄自身条件较好，具有较大的发展潜力，可适当接受迁建村民
B 类	保留、适度发展型	村庄自身条件一般，但有潜力可挖

3.4 村庄空间布局模式

3.4.1 村庄空间布局影响因素

村庄空间布局是在自然条件影响下经过历史积累形成的，是乡村经济社会发展的空间表现形式。它受自然环境、经济条件、社会条件和政策制度的影响（王焕，徐逸伦，魏宗财，2008）。

（1）自然环境

村庄空间布局的形成与其所处的自然地理环境，尤其是地形、水体关系密切。地形制约农业发展和村庄拓展，决定人口和用地规模及分布密度；水体决定村庄空间形态与分布密度；纬度差异造成了村庄空间布局模式的南北方差异，另外地质灾害、矿产资源及风景旅游区的发展也会影响村庄空间布局模式。

随着生产力和科学技术的发展，人们改造自然的能力日益增强，如填海造陆、夷平就低、引水筑坝以改变或适应地形地貌、防止洪水等，自然条件对村庄布局、村庄规模的影响在逐步减弱。但是，随着可持续发展理念的逐步形成，乡村土地资源的可持续利用、水资源的保护、城乡建设空间的统筹已被列入村庄体系建设调整的考虑范畴，自然环境再次成为影响村庄空间布局的重要因素。

（2）经济条件

村庄空间布局与农业发展水平和对外交通联系密切相关。传统农业社会耕作方式落后，土地耕作半径小，村庄规模小、布局分散，乡村空间聚落表现为均质离散特征；农业现代化和机械化提高了农业生产率，增大了耕作半径，村庄布局趋于集中，村庄规模不断增大；乡镇工业发展及人口向工业区的转移导致人口向城镇集聚，出现了村庄空心化、功能单一化现象。

乡村道路的修建往往能增强村庄集聚能力，使其形成线状延伸或圈层推进；农民出行方式由步行、人力车时代向机动车时代的转变使农村服务半径和生产活动半径不断增大，村庄生产生活空间不断拓展。

（3）社会条件

村庄空间布局是乡村文化、社会观念的载体和空间表现。农村受传统宗族、道德及乡土观念影响，人们聚族而居，居民点规模与家族的兴旺发达程度关系密切。农村住宅建设受迷信思想影响较大，对农村居民点形态也产生一定影响。

经济社会的发展、科学技术的提高使得传统宗族思想观念逐步弱化，人们不再囿于乡土情结，逐步实现职业转变和生活方式及观念的改变，对内部基础设施和公共服务设施建设予以重视，村庄空间构成趋于复杂。另外，乡村社会空间形成的主导因素逐渐从早期的血缘、地缘等初级社会关系向后期以业缘关系为主的次级社会关系转化，导致村庄内部空间及其布局重构。

（4）政策制度

政府政策与制度直接或间接影响到村庄空间布局。例如，家庭联产承包责任制不利于农业机械化生产和农业、农村规模经济效益的发挥；行政区划调整、重点项目建设能改变村庄的拓展方向，促使其规模增大、等级提升；土地和户籍制度改革则促进了土地使用权流转及农村人口的流动，影响村庄规模和形态。

在我国经济社会发展的新背景下，影响村庄空间布局的自然、经济、社会及政府政策等因素不断变动。现代生活理念向农村扩散，经济水平和人们生活水平不断提高，都会影响村

图 3-6　低密度点状分散布局的村庄

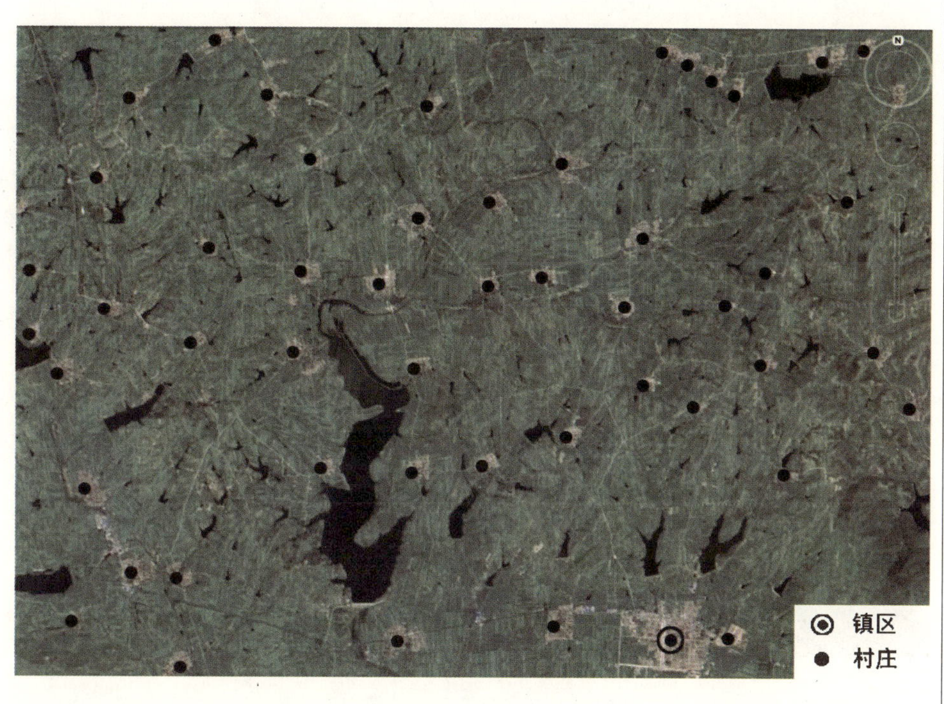

庄的进一步建设和发展；国家对资源环境保护意识不断增强，对村庄建设的规划和引导也逐渐加以重视。因此，村庄无论是形态、结构还是规模、性质都不是一成不变的，总是处于不断的演化和发展之中。

3.4.2　现状村庄空间布局基本模式

根据村庄空间形态，结合其用地条件、设施配套状况，现状村庄空间布局模式分为点状分散、带状延伸和块状集聚三种（刘科伟，南晓娜，2008）。

（1）点状分散布局模式

在点状分散布局模式中，村庄是以散点的形式相对均匀地分布于农村地区的，这是农业经济主导的平原、丘陵地区村庄空间布局的常见形式。通常，村庄的点状分散布局模式又可细分为低密度点状分散布局模式和高密度点状分散布局模式。

1）低密度点状分散布局模式

在农业经济主导的丘陵地区，村庄发展受地形和土地资源限制，人口规模和用地面积较小，布点较为稀疏，呈现为低密度点状分散布局特征（图3-6）。山东省的胶东半岛地处丘陵

图 3-7 高密度点状分散布局的村庄

地区，农田生产条件一般，村庄规模小、间距大。胶东半岛的老村庄很多，但2000人以上的村庄较为少见。例如，2007年胶南市共有行政村972个，平均每个行政村695人。其中，人口小于500人的村庄395个，占40.6%；人口大于500而小于1000人的村庄386个，占39.7%；人口大于1000而小于2000人的村庄175个，占18.0%；人口大于2000人的村庄16个，占1.7%。

2）高密度点状分散布局模式

在农业经济主导的平原地区，土地肥沃、地形平坦，村庄人口规模和用地面积较大，布点较为密集，呈现为高密度点状分散布局特征（图3-7）。山东省的鲁西南地区地处黄河冲积平原，农业生产条件得天独厚，村庄规模大、间距小。鲁西南2000人左右的村庄很多，3000人左右的村庄也不稀奇。例如，2007年成武县共有行政村480个，平均每个行政村828人；其中，人口小于500人的村庄160个，占33.3%；人口大于500而小于1000人的村庄175个，占36.5%；人口大于1000而小于2000人的村庄122个，占25.4%；人口大于2000的村庄19个，占4.0%。

（2）带状延伸布局模式

在带状延伸布局模式中，村庄主要是沿公路或者河流两侧分布的，在公路交叉口、河流

图 3-8　山东沂蒙山区村庄沿公路带状延伸

交汇处的村庄往往规模较大，这是农业经济主导的山区、水乡村庄空间布局的常见形式。山区的沟谷地带的土地较为肥沃、地形较为平坦，村庄和公路均分布在此，呈现出村庄沿公路带状延伸的特征（图 3-8）。水网密集地区，农民为防止洪涝灾害，利用历史上的排洪、输盐河道垫高河岸建设住宅，形成村庄沿河岸高地分布并呈带状延伸的形态（图 3-9）。山区带状延伸布局的村庄的集聚程度高于水乡带状延伸布局的村庄。

（3）块状集聚布局模式

在块状集聚布局模式中，村庄围绕工业企业成组布置，甚至连成一片发展，这是工业经济主导的平原、水乡地区村庄空间布局的常见形式（图 3-10、图 3-11）。该布局模式是在快速工业化过程中自发形成的，即工业占用村庄之间的空地发展从而把周边村庄连为一体，这种工业“中间开花”的布局对村庄土地利用极为不利。

3.4.3　规划村庄空间布局基本模式

参照现状村庄空间布局，结合镇域空间发展战略，考虑村庄迁并率和村庄等级体系，规划村庄空间布局模式分为中心地布局、走廊式布局和斑块式布局三种。

图 3-9　江苏南通水乡村庄沿河道带状延伸

图 3-10　广东省中山市小榄镇村庄呈块状集聚布局

图 3-11　江苏省无锡市望亭镇村庄呈块状集聚布局

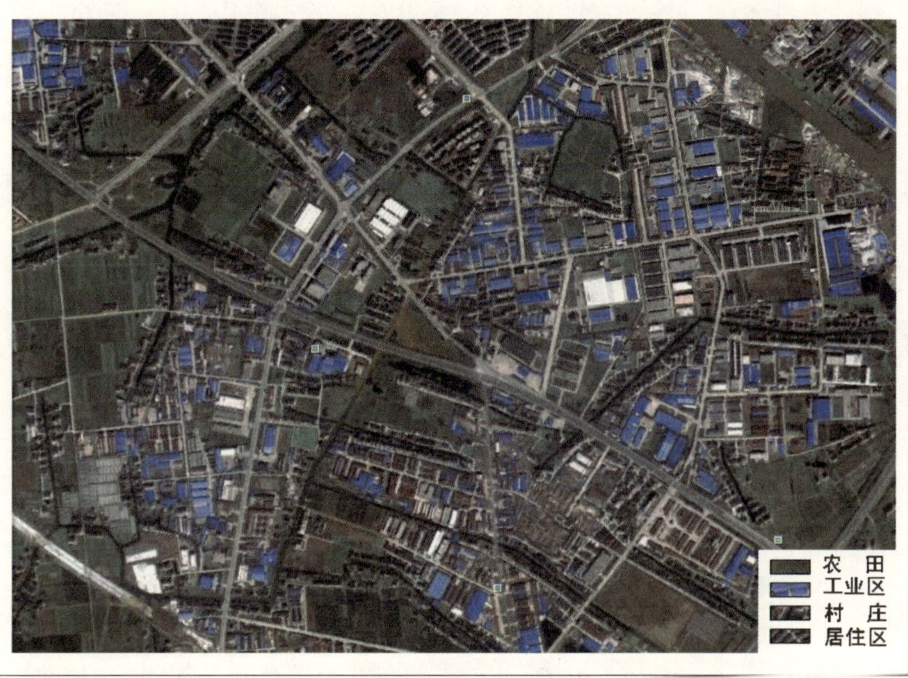

（1）中心地布局模式

1）单核的中心地布局模式

在平原或丘陵地区，现状村庄为点状分散布局、镇域形状较为方正的乡镇，随着村庄的逐步迁并，出现以乡镇驻地为核心，按中心地理论分布着中心村、基层村或中心村或基层村的村庄布点形式（图 3-12），称之为单核的中心地布局模式。

2）多核的村庄中心地布局模式

在平原或丘陵地区，现状村庄为点状分散布局、镇域形状较为狭长的乡镇，随着村庄的逐步迁并，出现以乡镇驻地、集镇、工业园、市场群等为核心，按中心地理论分布着中心村、基层村，或中心村，或基层村的村庄布点形式（图 3-13），称之为多核的中心地布局模式。

（2）走廊式布局模式

现状村庄为带状延伸布局的乡镇，随着村庄的逐步迁并，发展轴上的村庄不断减少而形成串珠状；现状村庄为点状分散布局的乡镇，随着村庄迁并力度的加大和新区域发展轴的形成，发展轴上的村庄不断壮大而形成串珠状，演变为走廊式布局模式（图 3-14）。在村庄的走廊式布局模式中，除了中心村和基层村外，还可能有规模很小的专业农民居住点。

图 3-12　单核的中心地布局模式　　图 3-14　走廊式布局模式

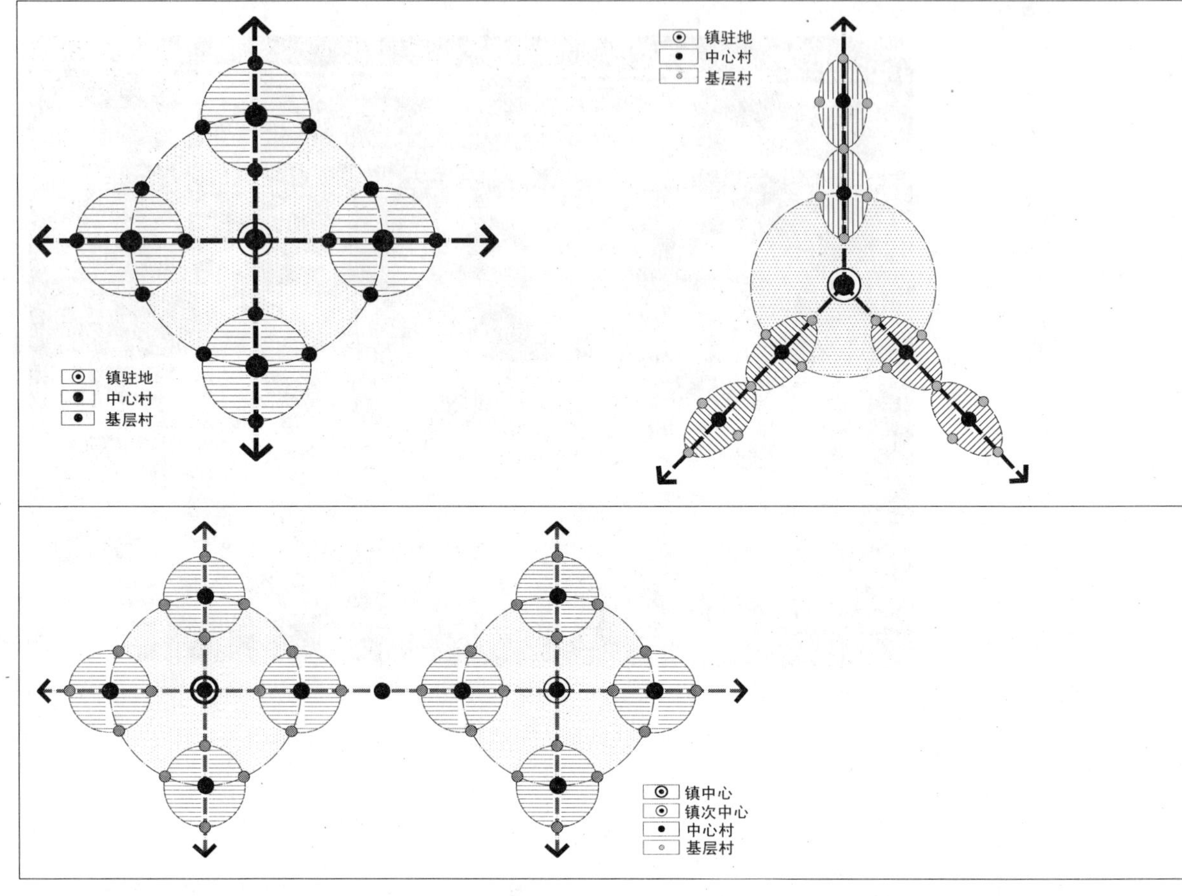

图 3-13　多核的中心地布局模式

(3) 斑块式布局模式

现状村庄为块状集聚布局的乡镇，为了解决工业用地与村庄混杂布置所造成的一系列问题，必须对其用地进行重构，使村庄用地与工业用地形成布局合理、环境良好、交通便捷的复合功能斑块。

对于现状村庄为点状分散布局、带状延伸布局的乡镇，应大力推动工业向园区集中、人口向小城镇集中，尽量避免斑块式布局模式的出现。

3.5　保留村庄选择步骤

3.5.1　村庄总量匡算

在预测出各乡镇规划乡村人口数量，确定了中心村、基层村人口规模标准，选择了村庄等级体系，并判定中心村与基层村的比例关系后，就可以初步匡算出中心村、基层村的数量。

（1）等级体系为两级的村庄总量匡算

当村庄等级体系为镇——中心村或镇——基层村时，村庄总量匡算相对简单，用各乡镇规划的乡村人口除以中心村或基层村的人口规模标准就可以得出中心村或基层村的数量。例如，某乡镇预测乡村人口为30000人，村庄等级体系为“镇——中心村”，中心村人口规模标准为3000人，则该乡镇规划期末的村庄数量为10个。

（2）等级体系为三级的村庄总量匡算

当村庄等级体系为“镇——中心村——基层村”时，村庄总量匡算的基本步骤如下：

1）确定中心村与基层村的比例

根据中心地理论，在市场原则和交通原则决定的中心地体系中，高一级中心地数量是低一级中心地数量的3~4倍。而相关实践成果表明，中心村与基层村的比例一般在1∶2~1∶7，如表3-12所示。借鉴中心地理论，参照相关实践成果，考虑乡镇村庄的发展现状，综合确定中心村与基层村的比例。

莱芜、莱州、高密等市部分乡镇中心村与基层村数量一览表　　表3-12

乡镇名称	中心村（个）	基层村（个）	中心村：基层村
高密市姜庄镇	7	14	1∶2
高密市柴沟镇	7	14	1∶2
莱州市朱桥镇	4	30	1∶7
莱州市平里店镇	3	17	1∶6
莱州市夏邱镇	3	8	1∶3
莱芜市羊里镇	4	12	1∶3
莱芜市大王庄镇	6	15	1∶2.5
莱芜市寨里镇	5	10	1∶2
莱芜市杨庄镇	4	8	1∶2

2）匡算中心村与基层村的数量

确定了中心村与基层村的比例以及中心村与基层村人口规模标准后，根据中心村的人口总量与基层村人口之和为预测乡镇规划的乡村人口，便可列方程求出中心村与基层村的数量，具体演算过程参见第2章中“乡村人口预测意义”部分内容。

3.5.2 保留村庄选择

（1）认定必须保留、撤消村庄

必须保留的村庄，一般是具有特定历史意义、文化价值和旅游潜质的村庄，如历史文化古村、传统特色产业村、革命纪念地村庄等。这些村庄可以通过查阅文献资料和现场调研确定。

必须撤消的村庄，包括以下五种情况：

第一，位于规划区内的村庄予以撤消。规划区内的村庄包括位于城市规划区、乡镇规划区、各类园区规划区以及其他重大基础设施规划区内的村庄，它们通常将直接被城镇化。这类村庄可以通过整理相关规划成果汇总出来。

第二，达不到设定标准的村庄予以撤并。在村庄体系规划中，根据国家、省市等制定的基层村人口标准，结合各地城镇化水平和现状村庄人口规模等，确定基层村人口的最低标准，低于此标准的村庄原则上被撤并。例如，浙江省桐庐县村庄体系规划中，确定近期基层村人口数应大于100人，远期最基本人口数应大于300人，以此作为判定村庄迁移的标准之一。

第三，位于水源地一级保护区，文物古迹、生态和自然保护区，风景名胜区，滞洪区，交通和工程管线保护区，地质灾害或自然灾害易侵袭地区及其他法律法规规定的保护范围内的村庄，其发展受到制约，原则上撤销。

第四，人均基本农田少于0.5亩，没有农业产业支撑，且非农产业不发达的村庄，原则上撤销。

第五，地处偏远山区、交通不便，缺乏基本的基础设施和社会服务设施的村庄，原则上撤销。

(2) 初步选定保留村庄

在圈定了保留、撤消村庄以后，根据匡算保留村庄总量，参照村庄发展综合能力评价，考虑村庄空间布局模式，初步选定保留村庄。

第一，按综合评价得分对村庄进行排序。

按照村庄发展综合评价指数对村庄进行排序，并形成村庄综合评价排序表。在排序表中，先圈出必须保留或撤并的村庄。然后，结合匡算村庄数量，根据村庄综合评价排名选出其他备选保留村庄。

第二，在村庄体系现状图上标注排序结果，初步确定保留村庄。

除了必须保留、撤消的村庄外，把其他村庄的综合发展排序结果标注在村庄体系现状图上，参照村庄空间布局模式，逐个考察并初步确定保留村庄。

(3) 仔细比较保留村庄

对于初步确定的保留村庄，还需从村庄迁并过程、行政管理习惯、村民生活习俗等方面进行仔细比较，最终确定保留村庄。

图 3-15　大场镇柳行大庄、刘家大庄及周边村庄分布

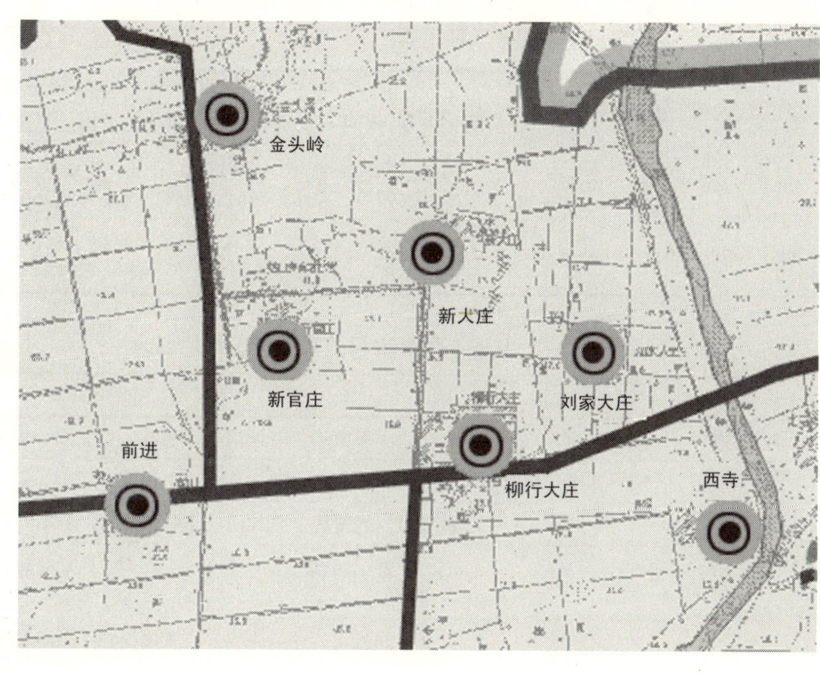

1）考虑村庄迁并过程

在没有强大外力的推动下，村庄迁并需要一个很长的历史过程。因此，选择保留村庄还要充分考虑村庄迁并的过程性，让保留村庄尽可能相对方便地为撤销村庄提供服务。例如，胶南市大场镇柳行大庄和刘家大庄，其城镇化能力排名分别为78 位和85 位；搬迁成本排名分别为 52 位和 31 位。如果从定量分析的结果看，应该保留刘家大庄；但是，柳行大庄周围有被撤销的前进村、新官村、西寺村，保留柳行大庄能在村庄布点重构中为更多逐步被撤销的村庄提供服务。综合权衡，撤销刘家大庄，保留柳行大庄村（图 3-15）。

2）尊重行政管理习惯

乡镇为加强对农村工作的指导和协调，通常根据村庄区域位置、历史风俗和交通状况等，将其划分成若干“工作片”，每个工作片包含几到十几个行政村不一（表 3-13、表 3-14）。工作片是处于乡镇与行政村之间的非正式管理组织，担负着“上联下达”的重任。在选择保留村庄时，每个工作片至少保留一个基层村，以利于村庄在同一工作片内合并，方便日常工作管理。

浙江省武义市泉溪镇农村工作片划分　　表 3-13

工作片名称	村庄数量	村庄名称
外　片	16 个	郑宅、西项、泉二、泉三、下宅口、麻蓬、上滩、湖沿、清源、客塘、山方、石甲口、车苏、丁塘背、王毛山、官田
中　片	16 个	刘宅、上潘、新屋、王山头、阳丰、叶墙头、张宅、巩宅、江山、宅园、大塘口、茆角、珠门、杨村、姆山前、仓部圳
里　片	16 个	王元、兰芝、西陈、项店、白革、清溪、麻田、瑶村、丰溪、董源坑、里念坑、王长岗、大王岭、岭下、黄坛、加丰

山东省荣成市荫子镇农村工作片划分　　表 3-14

工作片名称	村庄数量	村庄名称
西北片	7 个	前长湾、于家泊、三冢泊、西板石、杨家沟、姜家泊、韩家地
北　片	7 个	前青顶、东板石、南板石、雨夼沟、店子泊、青岘庄、仁村
西　片	7 个	东夏埠、西夏埠、立驾山、小兰家庄、兰村、头甲、家堂
中　片	7 个	前荫子夼、后荫子夼、马台王家、梁子埠、马台柯家、马台丛家、马台隋家
南　片	7 个	流水、北流水、耩后张家、王管松、顶子后、胡家屯、耩上姚家
东　片	8 个	土城子、耩上岳家、塘子崖、东苑庄、西苑庄、陈家埠、南岔河崖、马家岭

3）适应村民生活习俗

有些村庄之间空间距离很近，但受河流分割、宗教信仰等因素的影响，生活习俗、方言都存在较大差异，不宜仅考虑村庄距离的远近就将其合并；有些村庄之间有着宗族关系，本来相互交往就比较密切，应该把他们合并在一起，例如胶南市王台镇的北柳圈、西柳圈和南柳圈，泊里镇的泊里河南、泊里河北、泊里河西和泊里河东。

参考文献

[1] 彭鹏．湖南农村聚居模式的演变趋势及调控研究［D］．华东师范大学，2008.

[2] 王晓燕．浅议县域村庄布局规划——以宁夏平罗县为例［J］．中国建设教育，2007（11）：46-50.

[3] 樊尚新，王莉莉，秦社芳等．陕南山区县域保留村庄规划初探［J］．城市规划，2009（7）：83-87.

[4] 秦杨．浙江省县域保留村庄规划研究［D］．浙江大学，2007.

[5] 林兴良．关于我国城镇体系规划和研究的思考［J］．中山大学研究生学刊（自然科学

版），2001（22）：23-28.
［6］唐劲峰．统筹城乡发展的县域村镇体系规划编制方法研究［D］．中南大学，2007.
［7］葛丹东．中国村庄规划的体系与模式［M］．南京：东南大学出版社，2010.
［8］李建伟，李海燕，刘兴昌．层次分析法在迁村并点中的应用——以西安市长安子午镇为例［J］．规划师，2004（9）：98-100.
［9］何灵丽．北京市昌平区村庄整合分类研究［D］．北京工业大学，2007.
［10］王焕，徐逸伦，魏宗财．农村居民点空间模式调整研究——以江苏省为例［J］．热带地理，2008（1）：68-72.
［11］刘科伟，南晓娜．西部地区县域村庄布局研究——以陕西省凤翔县为例［J］．改革与发展，2008（6）：134-137.
［12］陈斓．福建省主体功能区划研究［D］．福建师范大学，2008.
［13］中华人民共和国建设部．《镇规划标准》(GB 50188—2007）.

第4章 村庄整合实施

完成了保留村庄选择、发展类型划分和各类设施配置工作，仅仅是提出了村庄体系重构规划的目标。这远远不够，还应继续探索实现规划目标的对策——村庄整合实施研究。为此，本章从村庄整合的基础研究、规划应对、运作谋划和典型案例四个方面就如何实现村庄体系重构规划展开讨论。

4.1 村庄整合的基础研究

村庄整合的机遇、困境和动力，对于村庄整合的建设速度设定、开发时序安排、建设用地控制、公寓式农宅引导、相关设施配套、乡土文化延续和建设资金筹措等都有重要影响，因而是村庄整合的基础研究。

4.1.1 村庄整合的困境

早在20世纪80年代，我国经济发达的沿海地区就开始推进村庄整合工作。进入21世纪后，随着社会主义新农村建设运动的开展，村庄发展受到行政部门与专家学者的高度关注，村庄整合的广度与深度不断加大，以村庄整合为主要内容的村庄体系重构规划相应在全国迅速兴起。

与蓬勃发展的规划研究与规划编制相比，村庄整合实施情况却难以令人满意。1996～2007年，我国行政村减少的数量不超过3%，跟当前村庄体系规划所确定的村庄整合速度相距甚远。可以说，村庄整合工作面临重重困难，主要表现为受到农村土地制度束缚、村庄整合资金缺乏、村民搬迁意愿不足和村庄体系重构规划滞后等因素的干扰。

（1）农村土地制度束缚

土地制度有广义和狭义之分。广义的土地制度，包括土地所有制度、土地使用制度、土地规划制度、土地保护制度、土地征用制度、土地税收制度和土地管理制度等。狭义的土地制度，仅指土地所有制度、土地使用制度和土地管理制度。习惯上，人们把土地制度理解为狭义的土地制度。土地制度的核心部分是产权制度，它是指以土地作为财产客体的各种权利的综合，包括土地所有权、土地使用权、土地收益权、土地处置权和土地抵押权等。

我国实行的是城乡产权分离的二元土地制度，集体土地产权有别于国有土地产权，即“城市的土地属于国家所有。农村和城市郊区的土地，除由法律规定属于国家所有的以外，属于集体所有；宅基地和自留地、自留山，也属于集体所有”（《宪法》第十条）。虽然农村土地所有权“属于本集体成员集体所有”，并由“由村集体经济组织或者村民委员会经营、管理”（《土地管理法》第十条），但是国家对集体土地的用途、流转和处置都有严格的控制，这显然限制了农村土地收益权和处置权。

党的十一届七中全会提出，“完善土地承包经营权，依法保障农民对承包土地的占有、使用、收益等权利”，并在“不得改变土地集体所有性质，不得改变土地用途，不得损害农民土地承包权益”的前提下，允许土地承包经营权流转，发展多种形式的适度规模经营。可见，国家对集体土地使用权的控制已经有所松动，但对集体建设用地尤其是宅基地使用权的流转控制仍旧十分严格。

宅基地是指农村集体经济组织成员依法无偿、无期限获得建造居住房的一种集体土地使用权。正是村民对宅基地“无偿、无期限”的使用权，使得国家对于宅基地的管理才更为严格。这表现在两个方面，首先宅基地的转让是受限的。根据《关于加强农村宅基地管理的意见》（国土资发［2004］234 号）中“严禁城镇居民在农村购置宅基地，严禁为城镇居民在农村购买和违法建造的住宅发放土地使用证”的规定，宅基地的转让局限在集体经济组织内部。其次，宅基地是禁止抵押的。《担保法》第 37 条第 2 款和《物权法》第 184 条（二）中都分别对此作出明确规定。

现行农村土地制度缺陷导致农民很难从土地中彻底解放出来，影响了农村人口的自由流动，进而阻碍了村庄整合的进展。从农业发展来讲，产权不明晰和承包经营权不稳定，降低了农民对农地投入的积极性，减少了农地的产出。从村庄整合来讲，土地产权不明晰使得宅基地及附着在其上的房屋很难通过市场定价；限制宅基地使用权流转，使得宅基地及附着在其上的房屋通过交易变现几无可能。可是，农民财产的 70% ~80% 是以土地形式存在的隐性资产，尤其是宅基地（赵燕菁，2001）。这造成农民如果放弃现有的可以居住的房屋而另建新宅，原有住宅多数情况下很快将变为建筑垃圾，一家人辛辛苦苦积攒起来的资产便这样流失。因此，由于农村住宅不能同城市住房一样自由流通而给农民带来的巨大资产损失，必然让农民失去了主动参与村庄整合的动力。

另外，我国农村土地使用制度比较落后，可谓“条块分割，泾渭分明”。不仅乡镇土地使用界限分明，而且最基本的村民小组也不能越雷池一步。因此，即使实现了村庄建设用地的整合，村庄耕地调整仍然面临不小的困难。因为《农村土地承包法》明确规定，“在承包期内，发包方不得收回承包地”和“在承包期内，发包方不得调整承包地”，这就使得土地承包权中隐含了物权的一些排他性特征。1993 年中央提出在原定的承包期到期后，土地承包期再延长 30 年不变。离新一轮 30 年承包期到期还有 13 年，村民对于自己承包的土地具有强烈的使用权意识。

（2）村庄整合资金缺乏

在村庄整合过程中，村民房屋拆旧建新，村庄市政基础设施和公共服务设施完善，村民宅基地复垦，村民安置补偿都需要投入巨额资金。以山东省临沂市罗庄区为例，每户村民仅仅拆旧建新花费一项就达9.3万~10.5万元之多。可是，目前村庄整合的投资主体——村民、集体、政府和社会的资金有限。

1）农民经济实力微薄

2008年我国国民经济和社会发展统计年报指出，农村居民人均纯收入为4761元，仅是城镇居民人均可支配收入的30%。三口之家年均纯收入1.4万元多点，如果拆旧建新花费10万元左右，至少将用掉全家7年的积蓄，这对农村家庭来说是很大的负担。

2）集体经济收入微薄

国务院发展研究中心《推进社会主义新农村建设研究》课题组调查表明，我国有近一半的村庄集体收入还不到5万元，而低于10万元的占到近60%。微薄的集体经济收入支撑村庄日常管理运行已经捉襟见肘，哪有多余资金来补偿村民搬迁、新建基础设施和服务设施！

3）政府财政投入有限

目前，我国财政体制是五级核算单位，每一级的财政预算并不是真正根据事权与财权划分制定的，而是根据上一级的预算情况决定的，即上一级预算规模决定下一级预算规模，上一级预算不足只能通过下一级预算来弥补。自上而下决定的财政预算规模和优先发展城市的政策导向，导致地方政府用于村庄建设发展的财政投入十分有限。尽管在新农村建设中政府加大对村庄整合的投入，但是与村庄整合所需的巨大资金相比，政府财政投入仍是杯水车薪。

4）社会力量投入有限

由于我国农村市场化和产业化水平不高，再加上国家对土地的严格限制，村庄整合资金收益回笼慢，使得绝大多数村庄对社会资金缺乏吸引力。当然，不排除极少数具有旅游开发资源的村庄能够赢得多家企业的青睐。例如，山东省章丘市的朱家裕村因电视剧《闯关东》而声名鹊起，引来山东鲁能置业集团有限公司的投资。

由此可见，村庄整合资金无论是靠村民自筹、集体出资，还是靠争取政府财政支持、社会力量投入都是有限的，巨大的资金缺口成为村庄整合的重大障碍。

(3) 村民搬迁意愿不足

村庄整合的目的是引导村民按照规划有计划地逐步向小城镇和中心村集中，促进村庄适度集聚和土地集约利用，进而推进城镇化进程。村民搬迁意愿是村庄整合的关键，影响着村庄整合的实施进程。在当前村庄整合过程中，存在着村民搬迁意愿不足的现象，原因如下：

1）对土地的依赖性

我国广大农民对土地有强烈的依赖感，土地既是他们的就业保障又是养老保障，土地就是农民的根。他们把土地视为安身之本、立命之所，这种特殊的土地情结一直延伸到现在。目前，农民最大的资产和最后的保障就是土地（蒋仁开，胡彭辉，2008），对土地的依赖性使得农民不愿意搬迁。

2）生活习惯难改变

村庄整合涉及部分村庄迁移重建问题，要改变村民几十年的居住生活习惯和历史延续下来的血缘、地缘关系，要打破宗族和邻里关系，让不少村民尤其是年纪大的村民接受起来比较困难。他们有着浓重的乡土情结，故土难离烙在记忆深处。

3）思想认识的滞后

农村中小农思想、狭隘的宗教意识、较低的科学文化素质及社会公共道德等，都给村庄整合带来阻力。不少村民受封建迷信思想影响，修路建房都要看“风水”，他们担心村庄整合会影响祖宗基业、破坏自家“风水”，进而抵触村庄整合；有的农民法制观念淡薄，擅自扩大宅地面积、蚕食公共用地，甚至违法占用耕地，从而妨碍村庄整合；大村村民认为把其他村民合并进来会影响本村村民的利益，而小村村民则担忧村庄合并后将受到大村村民的歧视，因而缺乏积极性。

（4）村庄体系规划滞后

村庄整合应该是在村庄体系规划的指导下有序进行。村庄体系规划滞后，必然影响着村庄整合的实施。

1）县域村庄体系规划缺失

我国在2006年才启动县域村庄体系重构规划的试点工作，很多地方县域村庄体系规划尚未完成，有的地方甚至还没有编制村庄体系重构规划。而镇域层面的村庄体系重构规划仅仅为镇总体规划中镇域规划的一项内容，并未得到应有的重视。此外，大部分地区农村居民点规划也仅进行到中心村规划，基层村规划尚未开展。村庄体系重构规划的缺失使得村庄整合无据可依，势必难以推动村庄整合的有序实施。

2）规划的科学性有待提高

一方面，县域村庄体系重构规划是一项新的规划类型，有关该规划的编制内容、方法、步骤、实施等研究工作还处于探索阶段，导致村庄体系重构规划质量良莠不齐。另一方面，县域村庄体系重构规划未摆脱城市规划的通病，侧重编制层面问题的探讨而缺乏对实施层面问题的关注，致使村庄体系重构规划不能很好地指导村庄整合工作。

4.1.2 村庄整合的机遇

为促进城乡统筹发展和推动新农村建设，改善农民生产生活条件、推进节约集约用地和有效缓解用地矛盾，国务院在2004年发布了《关于深化改革严格土地管理的决定》(国发

［2004］28号），其第二条（十）中规定："鼓励农村建设用地整理，城镇建设用地增加要与农村建设用地减少相挂钩。"

2008年，国土资源部《城乡建设用地增减挂钩试点管理办法》（国土资发［2008］138号）对"挂钩"相关内容进行了规定："依据土地利用总体规划，将若干拟复垦为耕地的农村建设用地地块（即拆旧地块）和拟用于城镇建设的地块（即建新地块）共同组成建新拆旧项目区（以下简称项目区）……""挂钩"政策为新时期村庄整合提供了重大机遇，推动着村庄整合的进程。

（1）提供了农村土地流转的新途径

《土地管理法》等相关法律规定，农村集体所有土地必须经国家征收转为国有土地才能进入市场；对于宅基地交易的限制更为严格，仅限于村庄内部。

根据"挂钩"政策，项目区内部村庄建设用地是可以通过指标置换的方式进行流转的，当然这种流转的规模受到挂钩周转指标的限制。"在符合规划的前提下，村庄、集镇、建制镇中的农民集体所有建设用地使用权可以依法流转"。这就打破了农村建设用地尤其是宅基地的使用权只能在村集体内部流转的框框，或者通过国家征地才能进行转让的束缚，为宅基地使用权的依法转让提供一条新途径。"挂钩"政策打破了土地制度的束缚，通过城乡建设用地的指标置换，实现农村宅基地的相对自由流转。

（2）拓宽了村庄整合筹资的新渠道

农民拥有的最大财富是土地，尤其是宅基地。如果允许这部分土地进入市场进行再分配，农村居民便拥有了参与现代经济的最初资本，同时也解决了村庄整合的资金问题。"挂钩"政策的提出使村庄整合获得了良好契机，不仅释放了村庄建设用地的存量潜力，还变现了土地中的部分隐性资产，使得村民分享到城市化带来的收益，为村庄整合注入强大外力——提供了资金保证。

以山东省为例，在《转发国土资源部〈城乡建设用地增减挂钩试点管理办法〉的通知》（鲁国土资发［2008］135号）第二条提出"实行最低补偿制度"，并规定"安置及拆旧复垦的投入不得低于每亩3万元，经济条件好的地方一般应在每亩5万元以上"，对于资金"应设财政专户"加强管理。除了上述地方财政予以的补偿，通过拆旧增加了建设用地指标，由周转指标形成极差地租，按照规定也会有一部分返还给农民，用于新建房的补贴。例如，临沂市规定每户补贴5万元；经济条件好的寿光市规定每户补贴10万元，其中实行整村搬迁时每户补偿最高可达20万元。

除此之外，有些试点地区通过成立公司或者通过专门土地整理公司进行运作，通过签订协议，确定每年提供的建设用地指标而获得先期支付的村庄整治启动资金，使用挂钩指标的建设用地“招拍挂”之后，再返还一定额度的收益。也有些试点地区采用与用地单位直接签订有偿使用协议的方式，用地单位直接给试点地区提供土地整理的专项资金。综上所述，制定补偿标准和扩大融资渠道大大增加村庄整合的资金来源，促进村庄整合的实施。

（3）调动起村庄整合主体的积极性

对地方政府来说，首先，“挂钩”政策缓解了城镇因用地供应受限而带来的发展压力，有助于降低土地市场的均衡价格，能够吸引更多的企业投资，增加政府财政和税收收入；其次，“挂钩”政策缓解了村庄整合给地方政府财政投入带来的压力，村庄整合的融资渠道扩大为国家政策支持、银行贷款、企业投资、村集体筹资等；第三，“挂钩”政策缓解了地方政府因滥用征地权给社会稳定带来的压力，通过指标置换进行用地转化，而不再仅仅依靠征地；第四，农村居民点集中布局和规模扩大，通过共享提高了设施的使用率，减少了对政府基础设施的投入。

对用地企业来说，首先，“挂钩”政策可以使其获得充足的发展用地；其次，“挂钩”政策能够让村庄建设用地实现流转，还有助于降低交易成本。由于地方政府对土地一级市场的垄断，每年供应的土地十分有限，用地企业为了获得理想的地块进行投资，往往要付出很高的交易成本，包括搜寻成本、谈判成本和寻租成本，从而降低了用地企业的效用（袁枫朝，燕新程，2009）。

对村集体来说，首先，“挂钩”政策增加了村集体经济实力，缓解了村庄财力紧张状况，有助于改善居住环境、实现政治目标；其次，“挂钩”政策推动了耕地集中成片进程，为农地规模化经营提供了条件，也能给村集体带来一定收益。

对村民来说，首先，通过“挂钩”政策获得了良好的人居环境。政府有专项资金进行新农村建设，使农民改善了住房品质、享受到完善的基础设施和公共服务设施。其次，“挂钩”政策增加了收入。居住向中心村、城镇集中，能够获得土地升值的收益。第三，对项目区整理出的耕地，实行规模化经营、追求利益最大化，保障拆迁后村民有稳定的收益。

4.1.3 村庄整合的动力

在哲学范畴上，动力是指一个事物产生和发展的原因与根据。简单地讲，村庄整合的动力是村庄解体、重构、发展的原因与根据。通常，村庄整合的动力包括村庄内生作用力与外部推动力，两者共同推动着村庄整合运行。

（1）村庄整合的内生动力

村庄整合的内生动力，主要包括农业生产现代化、人居环境的改善和闲置用地资源化。

1）农业生产现代化

我国土地资源短缺和人口众多的人地矛盾导致了农地超小经营规模。随着农业生产技术的提高，农村人口非农收入水平的增加，以及交通条件、交通工具的改善，小型分散经营模式日益不适应现代化农业的需求，不利于机械化操作与农业产业化经营，同时还容易产生土地浪费和资源配置效率低下等弊端。

在市场经济体制下，农业产业化发展要在更大范围和更高层次上实现规模化经营，从而促使零星分散、规模狭小、粗放经营的传统农业向区域化、规模化、专业化、集约化的现代农业转化。农业现代化，首先体现在农业规模化经营上。而农业规模化经营必然要求土地适当规模的集中，降低村庄分布密度、扩大农地地块规模、适应机械化生产，在客观上推动着村庄进行整合，已经成为村庄整合的内部推动力。

2）闲置用地资源化

农民新建住宅大部分集中在村庄外围，村庄内存在大量的空闲宅基地和闲置土地，形成了内空外延的用地状况，即所谓的“空心村”。经济越发达的地区，城市建设用地越短缺，而“空心村”现象却越严重。例如，浙江省青田县阜山乡西溪村原有580多人，2004年随着200多人出国，300多人外出打工或移居县城等地，西溪村的实际居民只剩下40多人。农村“空心村”的存在，浪费了国家有限的土地资源，恶化了农民的生活环境，影响了农村经济的发展。

农村大量的空闲宅基地和闲置土地，如果仅仅是被复垦或者整理为村庄经济发展用地，并不足以吸引农民为此而整合村庄。“挂钩”政策让村民有机会分享到城市化带来的收益，使得闲置建设用地成为村庄重要发展资源，为村庄整合吸引来强大的资金投入，已经成为村庄整合的内部推动力。

3）人居环境的改善

农村人居环境的改善，不仅表现为市政基础设施配套而且体现在公共服务设施齐全上。而市政基础设施和公共服务设施的配置，一般要考虑服务人口规模和服务半径两个要素。我国多数地区村庄布局分散、规模较小，很难达到设施配置标准，这就给就学、就医、购物和参加社会活动带来了诸多不便。经济条件好的村庄，即使配建了各类市政基础设施和公共服务设施，其运行也很不经济。

需求理论认为，当消费者的收入水平提高时，就会追求商品的品质和多样性。随着农民收入的增加、信息技术的普及和思想观念的转变，他们对居住、消费水平有了新的认识，尤其对于公共卫生、基础教育、文化体育、社会服务、基础设施和乡村环境等有了更高的要求，追求生产和生活条件的改善成为动迁的主要动机之一。因此，在城乡统筹发展的背景下，农村经济社会发展变迁，以及村民自身观念的转变和多样化的需求将使村庄整合由被动变为主动，已经成为村庄整合的内部推动力（徐经泽，叶春雷，2009）。

（2）村庄整合的外部推力

村庄整合的外部动力，主要包括政府主导作用、工业集中布局、企业用地扩张和重大设施建设等。

1）政府主导作用

根据行政学理论，政府职能模式有四种——政府控制、政府主导、政府推动和政府引导。其中，政府主导型职能模式面对的是尚未成熟的市场经济体制，通过政府作用来启动本国的市场经济机制；政府推动型职能模式面对的是已逐渐成熟的市场经济体制，通过公共政策推动市场机制更好地运转。目前，我国仍然处于从政府主导型定位的职能模式向政府推动型定位转变过程中。因此，政府在村庄整合中的作用主要是主导作用，具体体现在以下四个方面（胡建渊，赵春玲，2007）。

① 优化政府制度安排的导向功能

制度是约束人的一种行为规则，有效的制度安排对于降低交易成本、抑制机会主义行为和促进经济增长具有重要作用。提供有效的制度安排是政府管理经济的一项主要职能。近年来，政府在新农村建设上采取了取消农业税和农业补贴等政策就是国民财富分配制度的重新安排，取得了明显的成效。但是，这远远不够，村庄整合还需要政府提供更多的制度安排。

② 强化政府投资的主导功能

发展经济学的研究成果表明，促进经济增长除了技术创新、制度变迁外，投资也是一种十分有效的手段。推动村庄整合进程，政府必须加大对农业的投资力度，尤其要加大对农村基础设施建设的投入。在这方面，日本的经验值得我们借鉴。日本自20世纪50年代以来，政府投资2万多亿日元搞农村基础设施建设项目，改变了农村的硬环境，极大地拉动了日本内需，打造了城乡互动的良好基础。

③ 发挥政府典型示范的引导功能

政府在村庄整合中的主导作用，除了体现在制度安排和投资以外，还可以通过塑造新农村典型，以其示范作用来引导更多的村庄参与到村庄整合中来。在市场经济条件下，政府不能以行政命令推动村庄整合，尤其在目前农村组织化程度偏低的情况下，行政命令更难以奏效。但是，可以利用政府的财力、物力的投入和人才支持建设不同类型的新农村典范，在短期内使所受援村庄的生产、生活条件及乡村面貌发生显著改善，激发农民追求幸福的内在动力，自觉投入到村庄整合中来。

④ 履行政府组织协调的指导功能

从许多国家农业和农村的发展过程来看，大多数经历了自上而下和自主发展的过程。不论是欧洲的现代农业建设还是日韩的新农村运动，政府都是倡导者、发动者和组织者，甚至有些国家的政府还是直接参与者。例如，村庄整合规划大多数是由当地政府组织制定的，虽然规划编制单位进行了实地调研，但规划成果主要还是服从于当地经济社会发展的目标计划和领导的意志。因此，村庄整合需要政府履行宏观的组织和指导职能。

政府对村庄整合有义不容辞的责任，村庄整合尽管可以依靠市场的力量或者民间的力量，但离开了政府的主导，必将变得十分艰难。另外，在社会主义新农村建设的推动下，在“挂钩”政策的引导下，政府也愿意在村庄整合中积极发挥主导作用。

2）工业集中布局

改革开放初期，村集体和农民利用村庄土地创办企业，降低了创业门槛，为农村乃至国家经济发展作出了重要贡献。“村村点火、户户冒烟”，曾是经济发达地区乡镇企业分散布局的真实写照。可是，这种自下而上、缺乏统一规划和管理的工业化也带来了很多问题。它不仅造成集体建设用地空间布局无序，工业用地和宅基地穿插现象突出，而且导致企业经营困难、土地利用低效和资源环境压力增大等诸多问题。

首先，随着市场竞争日益激烈，规模不经济和布局过于分散的乡镇企业进入市场遇到很高的“进入门槛”。因为，分散布局的乡镇企业难以享受到水、电、路、信息等方面廉价的社会化服务，其基础设施建设投入大、生产成本高，不利于市场竞争。其次，随着土地资源紧缺成为城市未来发展的主要瓶颈，分散布局的乡镇企业加剧了农村建设用地处于闲置和低效利用的程度，不仅影响到农村地区的可持续发展，而且阻碍了城乡统筹战略的实施。第三，分散布局的乡镇企业既不利于农村第三产业的发展，又是农村地区资源破坏和环境污染的罪魁祸首。可见，目前乡镇企业比农业更需要集聚发展、规模经营。

在产业布局重新调整中，打破行政区划界限来推动企业进园区，使得企业迁走的村庄对村民的吸引力明显降低，更容易推动农村居住空间随着产业空间重构而整合。

3）企业用地扩张

改革开放以来，不少乡镇企业中的佼佼者发展成为大企业集团。在企业集团逐步壮大的过程中，企业用地相应不断向周边扩展，并将附近村庄整合为新的农村社区。例如，南山集团发端于龙口市东江镇前宋村，1994 年兼并西马、达沟和后隋，三村村民逐步迁入前宋村居民小区；随后，南山集团又先后合并了后隋家、西马、达沟、南张家、西涧、曲家、上观、刁崖、杜家、柳林和老师夼等 3 个乡镇的 11 个村庄。目前，南山工业园区占地面积约 22 平方公里，成为拥有居住、能源、科技、旅游、教育、卫生、商贸、房地产等多功能的园区。

图 4-1 不同类型的村庄整合

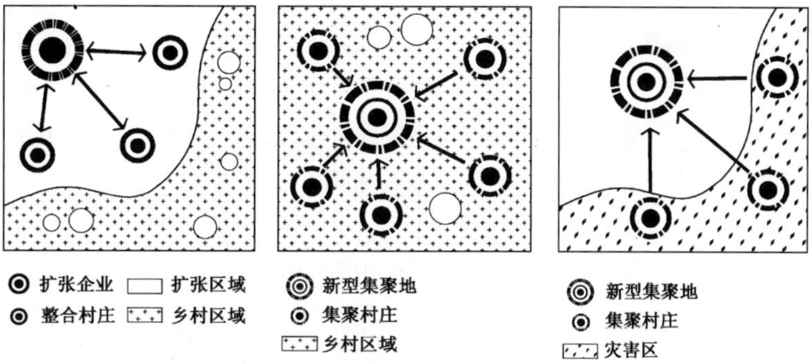

扩张企业 扩张区域 整合村庄 乡村区域

新型集聚地 集聚村庄 乡村区域

新型集聚地 集聚村庄 灾害区

（*a*）要素重组村庄整合（*b*）资源共享村庄整合（*c*）安全保障村庄整合

另外，区域内大型水利、电力、交通、能源设施建设往往需要动迁村庄，在安置过程顺便完成村庄整合，能够尽快改善村民生产、生活条件。

4.1.4 村庄整合的类型

下面根据整合动机、主体和形式的不同，分别介绍村庄整合类型。不同类型村庄整合的背景、操作方法和集聚效果会有很大的差异。

（1）按照村庄整合动机分类

按照整合动机不同，村庄整合可以划分为要素重组型、资源共享型与安全保障型。

1）要素重组型

要素重组型村庄整合，是指分布于村庄中的乡镇企业在规模扩张时遇到土地资源限制，采取合并、迁移周边村庄的方法以获得发展空间而引起村庄要素重新组合（图 4-1*a*）。

在对周边村庄实施整合时，企业通过综合考虑村庄区位条件、资源可获取程度、村民补偿以及管理等因素，通常选择村庄整合实施相对容易的村庄进行搬迁或者合并。在此过程中，分散的村落往往会脱离原生产、生存的地域而集中在一起，以便为企业发展最大限度地让出空间。

2）资源共享型

资源共享型村庄整合，是指在政府的引导下，为提高村庄建设用地效率、共享各项公共设施、改善村庄环境而推进的村庄适度集聚（图 4-1b）。

在资源共享型村庄整合中，首先选择区位条件较好的村庄作为集聚地，对其公共服务设施、市政基础设施和村容村貌加大投资力度以提高吸引力，逐步推动周边村庄居民向其靠拢，从而释放村庄建设用地潜力，高效利用村庄内各项设施。

3）安全保障型

安全保障型村庄整合，是指出于安全以及生态环境保护的考虑，把位于生活环境恶劣地段或者生态敏感区内的村庄向发展条件较好的区域迁移并集聚（图4-1c）。

在安全保障型村庄整合中，村民生活、生产已经受到严重影响或制约，由政府或者是造成村庄生存条件发生变化的个体负责帮助村民迁入宜居地区，短期内便可实现村庄整合工作，例如黄河滩区以及压煤区村庄搬迁集聚就属于此种类型。

（2）按照村庄整合主体分类

按照整合主体不同，村庄整合又可以划分为村庄自主型、政府主导型和企业推动型。

1）村庄自主型

村庄自主型整合，是指由村集体经济组织自筹资金、自主组织而进行的村庄整合。该类型发生在集体经济组织发达、经济实力雄厚、村集体领导班子较强的村庄对周边村庄的兼并。

2）政府主导型

政府主导型村庄整合，是以村集体经济组织为单位，按照“谁受益、谁投资”和“谁投资、谁受益”并重的原则，由县（市）、乡（镇）政府负责统一组织自然村合并或者整村搬迁。该类型主要用于村集体经济组织较小、发展速度较慢、经济实力相对较弱的村庄。

3）企业推动型

企业推动型村庄整合，是指企业为获取发展空间而对周边村庄进行搬迁。该类型主要利用企业自有资金、政府财政补贴资金和农民自有资金等从事村庄土地整理和开发，以企业主导的方式进行运作。

（3）按照村庄整合方式分类

按照整合方式不同，村庄整合又可以划分为中心村控制型和基层村合并型两大类。

1）中心村控制型

中心村控制型村庄整合，是指以生活服务设施和市政基础设施较为齐全，人口规模较大的中心村为依托，吸引距离较近的行政村、自然村靠拢而形成规模更大的农村社区，将迁移后的行政村、自然村旧址复耕还田。

2）基层村合并型

基层村合并型村庄整合，是指在一些较为落后的农村地区，将分散的小基层村或者自然村合并为相对集中的大村庄，以便于配建公共服务设施和市政基础设施，将迁移后的小村旧址复耕还田。

4.2 村庄整合的规划应对

村庄整合实施的规划应对，包括村庄整合速度设定、建设用地控制、乡村文化延续和农宅公寓化引导四项内容。

4.2.1 村庄整合速度设定

（1）村庄整合速度设定原则

1）循序渐进原则

从总体上看，村庄整合是社会经济发展到一定阶段的产物，不可能、也不应该一蹴而就。原因有二：其一，只有村庄整合带来的综合收益大于其全部投入时，才有可能大面积推行、短时间完成。否则，政府投入难以填补巨大的资金缺口。其二，村庄存量建设用地不是取之不尽、用之不竭的，如果短时间内把其潜力全部释放出来，不仅会纵容城市建设用地继续粗放使用，而且将剥夺城市今后发展的机会。所以，村庄整合速度设定要坚持循序渐进原则，根据一定时期村庄整合可节约的土地量和城市建设发展用地需求量来确定。

2）农民自愿原则

中央关于推进社会主义新农村建设的若干意见明确指出，新农村建设必须坚持以人为本，着力解决农民生产生活中最迫切的实际问题，切实让农民得到实惠。因此，在村庄整合过程中，要充分尊重农民群众意愿，在广泛听取和征求农民群众意见的基础上，按照循序渐进、分步实施、分类指导的思路来确定村庄整合速度，最大限度地调动农民群众的积极性。各级政府在村庄整合中对农民群众只能引导、帮助和服务，不能包办、代替，更不能搞强迫、命令和瞎指挥。

3）分类指导原则

我国地域辽阔，自然条件千差万别、发展水平参差不齐。针对不同地区的发展特点，应采取不同的村庄整合策略、制定不同的村庄整合速度，进行分类指导。以山东省为例，胶东半岛地区大多数村庄的房屋质量好、空地较少，鲁西南地区大多数村庄的房屋质量一般、空地较多，同样的村庄整合政策在鲁西南地区有很强的吸引力，但在胶东半岛地区却难以推行。

4）非等速度原则

随着经济发展水平提高和科学技术进步，土地集约利用程度将越来越高，单位面积土地上的产出会越来越多。因而，在确定某一地域内村庄整合速度时，应按先快后慢的原则设置不同阶段的速度，以便满足各阶段城市建设用地需求。为此，政府在村庄整合初期必须加大推动力度，为城市建设提供适当的用地。

（2）村庄整合速度影响因素

影响村庄整合速度的因素众多，有代表性的是城市建设用地供给缺口、村庄建设用地节余总量、村民搬迁经济承受能力和政府主导村庄整合力度。

1）城镇建设用地供给缺口

如果村庄整合仅仅是把空闲宅基地和闲置土地复垦为农田或者整理为村庄经济发展用地，那么收益远远小于成本，在经济上绝不可行。在城市建设用地存在较大供给缺口的情况下，借助“挂钩”政策才能让农民分享到城市化的成果，使村庄整合的收益有可能接近甚至超过其成本。此时，城市建设用地供给缺口越大，对村庄整合所节余出来的建设用地需求量就越大，村庄整合速度也就越快。因此，城镇建设用地需求缺口从需求方面影响到村庄整合的速度。

2）村庄建设用地结余总量

在投入相同的情况下，村庄建设用地结余总量越多则村庄整合的经济可行性就越强。于是，一个村庄建设用地结余总量越多，那么该村庄整合速度就越快；相反，一个村的建设用地结余量越多，那么该村庄被整合的时间就越早。因此，村庄建设用地结余总量从供给方面影响到村庄整合的速度。

3）村民搬迁经济承受能力

尽管“挂钩”政策能够为村庄整合注入大量外部资金，但是当前多数情况下尚不足以负担村庄整合的全部投入，村民还得为生活环境的改善出资。这种情况下，经济实力强的村民为了改善生产、生活条件通常比较容易同意村庄整合；经济实力弱的村民只要现有房屋不是特别破旧，就很难动员他们出资支持村庄整合。

另外，村庄整合后村民生活成本增加也影响村庄整合的速度。因为房屋搬迁是一次性的，即使有困难还可以求亲戚朋友帮忙；而生活成本是天长日久的，总不能靠别人接济过日子。因此，生活成本增加更能考验村庄整合时村民的经济承受能力。

4）政府主导村庄整合力度

在村庄整合初期，政府扶持力度直接影响村庄整合速度。2009 年，山东省齐河县晏城镇将 7 个村、5126 名村民整合为南北社区，占地 $66hm^2$，建筑面积 36 万 m^2，全部为二层楼房。在当地建设一套二层楼房需要资金 11.8 万元。由于齐河县给每个搬迁户 5 万元补贴，置换出的土地每户约有 1 万元的收益，那么每个农户只需拿出 5.8 万元就可住进楼房。而农民自己盖 3 间砖瓦平房也要花费 5 万～8 万元。由于统一建好的楼房比自己盖平房还划算，所以村民对村庄整合普遍持赞成态度，村庄整合进展迅速。

（3）村庄整合速度设定方法

首先，统计近 5～10 年来城镇年均建设用地增加量，分析规划期限内城镇建设用地需求变化趋势，预测规划期城镇建设用地需求量；其次，根据城镇年均分配到的建设用地指标，计算出规划期城镇年均建设供地缺口；再次，测算村庄整合可节余出的建设用地总量，按照先快后慢的原则，合理确定村庄整合节余建设用地填补供地缺口的比例（其余供地缺口可通过集约、节约用地来实现），从而设定供需结合的村庄整合速度。

4.2.2 村庄建设用地控制

(1) 村庄建设用地控制问题分析

1) 用地分类延续城镇模式

我国村庄建设用地国家标准一直缺失，目前各省、自治区、直辖市制定了有关村庄规划的技术文件。通过统计部分省、自治区、直辖市的村庄规划技术文件，发现其村庄用地分类大同小异（表4-1），深受《城市用地分类与规划建设用地标准》(GBJ 137—90）与《村镇规划标准》(GB 50188—93）的影响，同城市建设用地和镇建设用地分类内容相同的有4～5项。

部分省份村庄用地分类对比 **表4-1**

序号	省份	技术文件	主要用地分类
1	山东省	村庄建设规划编制技术导则	居住建筑用地、公共建筑用地、生产建筑用地、仓储用地、对外交通用地、道路广场用地、公用工程设施用地、绿化用地、水域和其他用地
2	江苏省	村庄规划导则	居住建筑用地、公共设施用地、道路广场用地、绿化用地、其他用地
3	福建省	村庄规划编制技术导则	居住建筑用地、公共建筑用地、道路广场用地、绿化用地、生产和仓储用地、公用工程设施用地
4	山西省	村庄建设规划编制导则	居住建筑用地、公共设施用地、道路广场用地、公共绿地、其他用地
5	陕西省	农村村庄建设规划导则	居住建筑用地、公共建筑用地、道路广场用地、公共绿地、生产用地、公用工程设施、其他用地
6	江西省	村庄建设规划技术导则	居住建筑用地、公共服务设施用地、道路和活动场地用地、绿化用地

在快速城市化进程中，尽管农村某些生活方式、居住形态已逐渐向城市生活方式靠近或者转变，但是农村的生产方式、社会组织、生态环境和居住形态仍具有特殊性，且在未来相当长一段时期内不会改变。所以，村庄建设用地与城镇建设用地有很大差异，简单地套用城镇建设用地分类标准，不利于对村庄建设用地进行控制。

2) 人均标准易致规模失控

《中华人民共和国土地管理法》第62条明确规定："农村村民一户只能拥有一处宅基地，其宅基地的面积不得超过省、自治区、直辖市规定的标准。"为贯彻执行国家土地管理法，各省、自治区、直辖市都制定了相应的宅基地面积标准。可见，农村住宅用地的供给是按户控制的。而村庄内其他用地则是按人均建设用地指标控制的。所以，大部分省、自治区、直辖市对村庄建设用地控制是以人均建设用地指标与宅基地标准相结合进行的（表4-2)。

通过人均指标控制村庄用地的关键是确定村庄人口规模。可是，村庄人口规模又有户籍人口规模与实际居住人口规模之分，且差距很大。村庄整合中，受工作强度和村民习惯的影响，获取村庄实际居住人口规模很难，因而往往采用相对容易获取的户籍人口规模控制建设用地，必然导致村庄建设规模失控。因此，采用人均建设用地指标无法严格管理村庄土地资源。

部分省份村庄规划用地标准对比 **表 4-2**

序号	省份	技术文件	规划用地标准	
			规划建设用地标准	宅基地标准
1	山东省	村庄建设规划编制技术导则	平原地区城郊居民点人均建设用地面积不得大于 90m²/人，其他居民点不得大于 100m²/人；丘陵山区居民点人均建设用地面积不得大于 80m²/人	城市郊区及乡（镇）所在地的村庄，每户面积不得超过 166m²；平原地区的村庄，每户面积不得超过 200m²
2	江苏省	村庄规划导则	新建村庄人均规划建设用地指标不超过 130m²。整治和整治扩建村庄应努力合理降低人均建设用地水平	宅基地标准：人均耕地不足 666.67m² 的村庄，每户宅基地不超过 133m²；人均耕地大于 666.67m² 的村庄，每户宅基地面积不超过 200m²。具体按县（市、区）人民政府规定的标准执行
3	福建省	村庄规划编制技术导则	村庄建设用地宜按人均 90～130m² 控制。撤并扩建的村庄，现状人均低于 80m² 的可适当调高 10～20m²	农村村民每户只能拥有一处宅基地。村民每户建住宅用地面积限额为 80～120m²
4	山西省	村庄建设规划编制导则	山区或丘陵地区的村庄，人均规划建设用地指标 130～150m²；平原地区的村庄，人均规划建设用地指标 120～140m²	山区或丘陵地区村庄建设住宅的，每户宅基地面积不得超过 180m²；平原地区村庄建设住宅的，每户不得超过 130m²；特殊情况经县有关部门批准，每户不得超过 200m²
5	陕西省	农村村庄建设规划导则	以非耕地为主建设的村庄，人均规划建设用地指标 100～150m²；对以占用耕地建设为主的村庄，人均规划建设用地指标 80～120m²	平原区 133m²，人均 40m²；川地、塬地区 200m²，人均 50m²；山地、丘陵区 267m²，人均 60m²
6	江西省	村庄建设规划技术导则	以非耕地为主建设的村庄，人均规划建设用地指标为 80～120m²；以占用耕地建设为主或人均耕地面积 466.67m² 以下的村庄，人均规划建设用地指标为 60～80m²	占用耕地建住宅的，每户宅基地面积不得超过 120m²；占用原有宅基地或村内空闲地的，每户不得超过 180m²；因地形条件限制、占用荒山荒坡地的，每户不得超过 240m²

图4-2　村庄规划控制体系

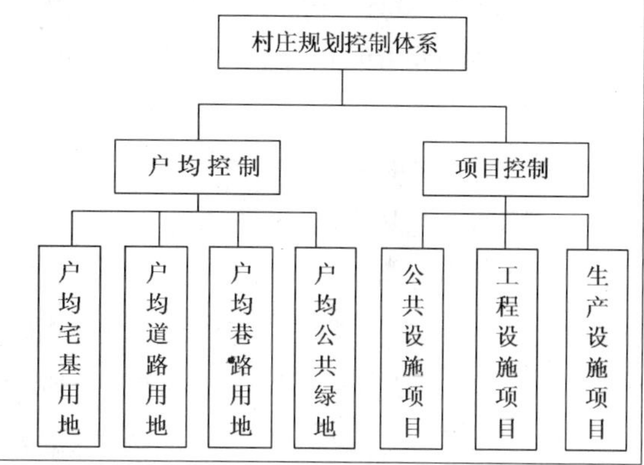

（2）村庄建设用地控制体系建构

1）适应城乡统筹发展，确定村庄用地分类

村庄用地分类既要考虑村庄建设发展特点，也要考虑到与相关标准的衔接。《土地利用现状分类》(GB/T 21010—2007）中的“住宅用地”，包括城镇住宅用地和农村宅基地，其中农村宅基地是“农村用于生活居住的宅基地”。相关技术文件规定的村庄“居住建筑用地”除了宅基地外，还包括了进户小路用地。

为与《土地利用现状分类》相协调，村庄的“居住建筑用地”可分成宅基用地与巷路用地两类。这样，既能与土地管理法“一户一宅”的规定相对应，又能与《镇规划标准》(GB 50188—2007)、《城市用地分类与规划建设用地标准》(GBJ 137—90）规定的居住用地内涵基本相符。于是，为便于统计与管理，村庄建设用地可分为宅基用地、巷路用地、道路用地、公共设施用地、公共绿地、工程设施用地、其他用地组成。

2）建立户均指标体系，管理村庄土地资源

一方面，由于农村供地采用“一户一宅”的土地使用制度，那么以人均建设用地为标准进行规划控制意义并不大。另一方面，村庄户籍户数与实际居住户数的差距，远远小于户籍人口规模与实际居住人口规模的差距，建立户均指标规划控制体系更为精确。户均建设用地控制指标由户均宅基用地、户均巷路用地、户均道路用地和户均公共绿地组成。应避免确定户均人口数时的随意性。

公共设施、工程设施、生产设施的配置受村庄人口规模变化的影响较小，不会随着村庄人口的变化产生较大的变化。例如公共设施中的办公用地，无论村庄规模大小一般都需要配置，规模以满足办公需求为宜；生产设施用地则是根据具体项目进行安排，其用地规模有很大差异，应该区别对待；工程设施有其本身合理的用地要求。因此，公共设施、生产设施、工程设施的配置采用项目控制为宜（图4-2)。

3）依据典型统计分析，提出建设用地构成

研究选取了胶南市16个村庄进行用地统计分析，其中有4个村庄用地规模在20hm^{2}以上，占25%；5个村庄用地规模在10～20hm^{2}之间，占31%；其他7个村庄用地规模在4～10hm^{2}之间，占44%。

分析发现，宅基用地在村庄建设用地构成中比例最高，且随着村庄规模的变化其变化幅度并不大，平均为44.2%；道路用地在15%至25%之间波动，平均为20.2%；巷路用地比例主要在5%～12%之间波动，平均9.4%。据此提出了村庄规划建设用地构成标准（表4-3）。然后，以山东省宅基地标准为依据，提出村庄规划建设用地户均标准建议值（表4-4）。

村庄规划建设用地构成标准　　表4-3

序号	类别	占建设用地比例（%）	序号	类别	占建设用地比例（%）
1	宅基用地	40～50	4	公共绿地	1
2	道路用地	15～25	四类用地之和		63～86
3	巷路用地	6～10			

村庄规划建设用地户均标准　单位：m^2/户　　表4-4

序号	类别	现状户均用地	平原地区村庄修正值	城市郊区及乡（镇）所在地村庄修正值
1	宅基用地	197	200	166
2	道路用地	102	104	86
3	巷路用地	42	43	35
4	公共绿地	0	3	3
四类用地之和		342	350	290

4.2.3 乡村文化特色延续

虽然时代的变迁使得乡村居住形态经历了一次次改变，但一脉相承的家族亲缘、邻里关系和传统习俗使乡村地区成为乡村文化的重要载体。村庄整合不能是只见“实物”不见“精神”，只考虑物质形态改善而忽略文化内涵建设，必须重视乡村文化的延续问题。

（1）乡村文化的构成

乡村文化是人类在改造乡村自然环境中所创造出来的物质文化和精神文化的总和，分为乡村物态文化、乡村行为文化、乡村规制文化和乡村精神文化四个层次（龙玉祥，2009）。其中，乡村物态文化是指乡村自然生态环境、村落建筑文化、乡村饮食文化、乡村服饰文化、乡村农耕文化以及其他以物质形态存在的文化成果；乡村行为文化是指乡村居民特殊的生产方式和行为模式，包括农事生产活动、乡村节庆活动、民间风俗活动等；乡村规制文化是指乡村居民赖以维持乡村社会秩序的道德规范、村规乡俗、宗族制度等；乡村精神文化是指乡村居民精神风貌、宗教信仰、价值观以及审美情趣等。这种精神文化潜藏于物态文化、行为文化和规制文化之中，看似无形而又无处不在，只有经过身居其中的直接体验才能有所领悟。

（2）乡村文化的功能

首先，乡村文化具有辐射功能。乡村文化的发掘、传播和推广，能展示乡村地区的独特风貌，提升本地区的社会认知度和整体形象。

其次，乡村文化具有吸引功能。不同的民族、地域的人们因其文化的差异性而产生相互吸引，文化差异越大，其吸引功能就越强。乡村地区独特的文化氛围能给城市居民带来新奇的生活感受，激发人们强烈的好奇心、求知欲和探索欲。

第三，乡村文化具有差别化功能。在信息化时代，技术和产品很容易被模仿和复制，在同质化的海洋里，消费者对产品的认知、区分和心理定位越来越困难。而文化作为一种垄断性资源很难被复制和移植，文化的多样性恰恰为差别化战略提供了广阔的思维空间，不同的文化元素和氛围能为特定区域的产品和服务提供独特的魅力和价值。

（3）乡村文化的延续

1）继承村庄布局结构

村庄的形成是一个自然而缓慢的过程，既包含着对功能、环境的适应，又包含了对生活方式的认可。村庄布局结构是村庄特色在地理空间上的投影，具体表现为村庄用地、道路、水体、山丘等的综合布局。它往往是历经了几百年，甚至几千年的发展和演化而形成的，是体现村庄特色的重要载体。村庄整合中，应继承原有布局结构特征，既适应现代农村发展的需求，又延续村庄传统文化特色。

2）保护村庄街巷空间

除了承担交通功能外，街巷还是村民主要的交往场所，该功能使得街巷空间能够反映出不同的地理环境、地方文化和民俗风情，成为体现村庄特色的另一重要载体。村庄整合中，应保护既有街巷组织形式、空间尺度和综合功能，创造出便于交往、祥和团结的生活氛围。

3）延续院落空间韵味

“院落”是我国传统建筑中最为典型的语言，是一个独具特色、充满意味和富有活力的空间。经过长期的发展与选择，我国各地农村形成了具有典型地方特色的院落空间形制。例如，以北京地区为代表的北方四合院，以安徽、浙江、江西等地区为代表的天井院，以福建地区为代表的客家土楼等。村庄整合中，应研究现代民居院落的功能分区、交通组织、设施配备和空间设计，满足现代农民生产生活的需要。

4）采用民居建筑符号

民居建筑的差异是村庄特色的又一重要体现，具体表现在建筑单体的造型、群体空间组合、庭院的排列、结构的穿插、门窗的位置、局部的雕凿、整体的神韵气度、建筑选材等方面。村庄整合中，新民居设计应采用部分建筑符号，延续地方建筑文脉。

5）保留重要文化载体

对于村庄内的古建筑、文化遗址、古桥、古树、古井等名胜古迹，村庄整合时应提出明确的保护要求；对于有着悠久历史和深刻内涵的村名、地名，不能因为村庄迁并而轻易放弃，那些难以继续存在的村名、地名可以立碑标识；对于居民中流传的特色手工艺，应该通过发展手工业保留下来。

4.2.4 公寓式农村住区引导

早在2004年，广东省就提出了大力推广农村公寓式住宅建设的政策。随后，农宅公寓化在沿海经济发达地区逐渐发展起来，大量农民告别了延续数千年的单家独院式农宅，搬进了现代化的公寓大楼。在为农村居住条件改善高兴之余，不免为公寓式农村住区规划手法的城市化和建设布点的分散性担忧。如何规划才能使公寓式农村住区既能满足当前农民生产生活的需要，又能吸引到足够多的后续使用者长期居住呢？这不但关系到社会财富浪费的问题，而且影响到城乡协调发展的大局。下面从老年人迁居的视角，对公寓式农村住区规划展开深入讨论。

（1）老年人迁居的启迪

在老年人的回归型迁移（return migration）和环境指向型迁移（environment oriented migration）中，部分城市退休人员回到农村长期居住，并成为未来空闲公寓式农宅的房客。其中，回归型迁移，是指年轻时为工作而离开家乡的老人，在浓厚的思乡之情、较低的乡村生活成本和相对较高的社会经济地位等因素作用下，选择退休之后回农村老家养老的现象；环境指向型迁移是指身体健康、收入可观的退休夫妇，选择到空气清新、节奏舒缓、文化传统、空间开敞的农村长时间居住的现象，它是城市老人迁往农村居住的主要形式。不论是回归型迁移还是环境指向型迁移，生活环境的乡村性都是吸引城市老人迁居的关键因素。所谓乡村性主要是指生态与资源的原生性、农业生产过程的易参与性、风俗民情的乡土性、传统文化的浓郁性等（成升魁等，2005）。在居住环境上，乡村性则体现为建筑布局自然、院落空间开阔，空间层次清晰、便于居民交流，植物生长茂盛、田园风光迷人。

由此看来，避免农村公寓将来闲置的规划应在适度节约土地资源的前提下，既满足现代农民生产、生活的需求，又具有吸引城市老人迁居的乡村性。首先，公寓式农宅对农民生活方式改变较大且建造成本、日常维护费用较高，如果规划不能提供现代农民生产所需的各种设施与用地，无法配套支付得起的现代化生活所需的电力电信、给水排水和供暖设施（北方地区尤为重要），农民就失去了建设公寓式农村住区的积极性。其次，节约土地资源虽然是推动公寓式农村住区建设的主要动力，但是如果其居住环境与城市住区相似、设施水平又低于城市住区，则必然因失去对城市迁居老人的吸引力而无法持续利用，所以规划必须强调适度节约土地资源以便为延续乡村性创造条件。

（2）公寓式农村住区的规模控制

公寓式农村住区建设一般以行政村为单位，而多数行政村未采取整体改造，导致公寓式农村住区人口规模普遍偏小。以村庄规模相对较大的山东省为例，行政村平均户籍人口不足800人，实际居住于村庄的人口就更少。可见，公寓式农村住区的平均规模远未达到城市住区最小组织单位——组团人口规模（1000～3000人）的下限。人口规模过小，不利于公寓式农村住区配建关乎农民生活质量、影响城市老人迁居的教育卫生设施等。因此，教育、卫生设施的合理运行成为确定公寓式农村住区规模的关键。

1）从卫生站设置看住区规模

卫生设施是老年人迁居优先考虑的公共服务。农村基层卫生设施是社区卫生服务站（村卫生所），它应设全科医疗诊室（包括中医诊室）、治疗室、观察室、健康教育室、和药房等，以公共卫生、疾病预防、妇幼保健、健康教育和常见病、多发病的诊疗和出诊为主，为农民提供优质、价廉、方便的“六位一体”综合卫生服务。根据浙江省农村社区卫生设施规划，要求每个卫生服务站至少配备3～5名专业卫生技术人员，一般以服务3000～5000人为宜，村民步行20min可到达。照此标准，公寓式农村住区及其用地1.5km（按步行速度4km/h左右）以内村庄人口规模应大于3000人。

2）从幼儿园设置看住区规模

教育设施是老年人迁居考虑的第二项公共服务，也是影响当前农民生活、生产的重要因素。一方面，将来迁入公寓式农村住区的城市老人不愿住进老龄化社区，而喜欢年轻家庭给其生活带来的乐趣，尤其希望经常见到活泼可爱的儿童。另一方面，由于村庄布点分散和教育设施不足，农村地区幼儿园服务半径过大，每天接送儿童给农民造成诸多不便。所以，从方便农民生产、生活的需要和有利于吸引城市退休人员迁居两方面考虑，设置一所幼儿园对公寓式农村住区是十分必要的。根据山东省农村学前教育发展规划，要求幼儿园按服务人口3000人以上、服务半径1.5km以内的标准进行布局建设。鉴于此，公寓式农村住区及其周围1.5km以内村庄人口规模应不低于3000人。

考虑到新一轮镇村体系规划中多数村庄的间距大于1.5km，满足设置幼儿园和社区卫生服务站人口规模应不低于3000人，以及借鉴城市居住组团在1000人以上方能配备基本生活服务设施的经验，确定公寓式农村住区人口规模宜在3000人左右。

（3）公寓式农村住区的建设选址

近年来的新农村建设政策和扩大内需政策，使公寓式农村住区建设之风更盛、布点更分散。例如，在2008年山东建筑大学设计研究院完成的某县级市48个村庄规划中，除4个镇中村外，还有12个大小不一的村庄经规划主管部门同意后建设公寓式农宅，其分散程度可见一斑。公寓式农村住区布点分散，必然造成市政设施建设投资与运行费用的增加，既妨碍当前农民生活质量提升又影响将来吸引城市老人迁居。考虑到污水处理和集中采暖不但是环境保护的必然要求而且对已经习惯城市生活的老人至关重要，因此要把是否具备污水处理和集中采暖同村庄周边生态环境和自然风光一起作为公寓式农村住区建设选址的必要条件。

1）从污水处理看住区建设选址

农村污水含有大量有机物，流入地表水体、渗进地下水体将会严重危害饮用水健康，排到田地内将会造成农田污染（周瑾，2008）。从经济投入、运行费用和处理效果看，当前多数公寓式农村住区的污水处理宜采用污水集中处理和接进市政管网两种模式（顾华，2009）。

污水集中处理模式，是指收集所有农户产生的污水利用一处设施进行处理。针对农村地区经济基础薄弱和从业人员技术水平低的现实，污水集中处理常采用稳定塘（又称氧化塘）处理系统和土地处理系统。稳定塘处理系统，是指经人工修整的设有围堤与防渗层的污水池塘，主要依靠好氧微生物、兼性微生物、厌氧微生物和藻类等其他水生生物净化水质。稳定塘处理系统管理方便、能耗较少，但要求村庄周围有大片荒地、劣质地、坑塘、洼地等来用作污水池塘。土地处理系统，是将污水有控制地分配到土地上，通过土壤、植被，水系统中物理、化学和生物过程使污水得以净化。土地处理系统维护成本低，但是占用土地面积大且地下水位埋深不能太小，否则会污染地下水。接入市政管网模式，是指收集村庄内所有农户的污水后，接入临近的市政污水管网，利用城镇污水处理厂处理村庄污水。接入市政管网模式具有投资省、施工周期短、管理方便等特点，但只适用于距离城镇污水管网较近（通常在5km以内）且符合高程接入要求的村庄污水处理。

从处理污水的角度看，只有周围有土地可用来挖污水池的或者地下水位埋深较大的或者距离城镇污水管网在5km以内且符合高程接入要求的村庄，才有可能开发为公寓式农村住区。

2）从集中采暖看住区建设选址

从节约利用能源、减少环境污染、改善生活质量等方面考虑，公寓式农村住区应率先走用能集中化道路。用能集中化是把能源集中到一起，统一处理、加工、转换、传输和使用，以达到能源转换的高效化、清洁化、便捷化，集中采暖是其重要内容。北方公寓式农村住区可利用自建燃煤锅炉房和接入临近热源两种形式实现集中采暖。

燃煤锅炉房集中采暖，是我国传统的供热方式，也是今后公寓式农村住区广为采用的供热方式。它虽然对公寓式农村住区的选址影响甚小，但是因存在经济运行问题而对村庄规模有所限制。接入临近热源集中采暖，是指村庄自建热力输配管线，由临近热电厂、企事业单位锅炉房或生产余热来供暖。一般来说，热电厂周围3－4km以内的村庄可用其作为热源采暖。接入临近热源集中采暖对公寓式农村住区的选址影响显著，即应优先在附近已有热源的村庄建设公寓式农村住区。

可见，生态环境良好、自然风光优美且临近城镇污水管网和热源的村庄，是建设公寓式农村住区的首选；生态环境良好、自然风光优美但远离城镇污水管网和热源的村庄，如果能承受自建燃煤锅炉房集中供暖费用且周边有大面积荒闲地或者地下水位较低，也可建设公寓式农村住区。

（4）公寓式农村住区的规划布局

目前，多数公寓式农村住区规划直接搬用了城市居住区规划的理论与方法，把农村建设成了风格雷同的低档公寓住区（张慎娟，2007）。这不但忽略了现代农民的生产、生活需要，而且破坏了乡村居住环境特色，失去了吸引城市老年人迁居的根本。因此，公寓式农村住区的规划布局，要适应农民职业分化、保留乡村性生活特色和延续乡村性环境特色。

1）从农民职业分化看功能构成

进入新世纪后，我国农民的职业分化为7种类型，即农民工、个体劳动者与个体工商户、私营企业主、农业劳动者、农村知识分子、农村管理者、农民经纪人（龚维斌，2002）。其中，农民工、个体劳动者与个体工商户、私营企业主阶层在不断壮大，农业劳动者阶层在逐渐缩小，农民经纪人在经济发达地区已成规模。

对于农民工阶层而言，由于其常年或大部分时间在外从事劳务活动，公寓式农村住区主要满足生活需要。但对于其他阶层而言，公寓式农村住区要满足生活、生产的双重需要，即能够安排部分生产、经营用房，设施和用地。例如，村内运输专业户需要停车场，加工专业户需要厂房，种植业专业户需要农机用房和粮仓，以及所有农户都需要打谷场、家禽集中饲养场等设施。与城市住区仅作为市民的生活场所不同，公寓式农村住区是现代农民的生产、生活场所，规划必须协调好生活与生产的关系。

2）从乡村性生活特色看用地安排

乡村性生活特色主要体现在闲逸的生活节奏、频繁的面对面交流、融洽的邻里关系、良好的生态环境和浓郁的传统文化等方面。它们均与农业生产活动密切相关，只有亲身参与农业劳作才能体味到乡村性生活的真谛。

对于外来的城市老人来说，从事力所能及的蔬菜种植、家禽饲养除了享受田园生活之外，能在向村民讨教生产经验的过程中顺利融入乡村社区、充分感受传统文化，还能通过向亲友提供有机蔬菜、禽蛋而密切家庭关系。然而，城里迁居老人参与农业劳作在很大程度上为了休闲和体验，不可能承包大片土地来耕种。所以，公寓式农村住区在安排农业生产设施用地、仓库堆场用地的同时，还要预留适量的"体验型农作用地"以备将来出租给迁居来的城市老人。体验型的农作用地，近期可以临时作为农机停放场、打谷场和菜地等使用。

3）从乡村性环境特色看空间组织

乡村性景观特色主要体现为质地粗犷和以农林业为主的景观格局，村落与周围环境背景的自然融合，以及低高度、低密度聚落空间的有机组合（李开宇，2005）。公寓式农村住区虽然难以延续低高度、高密度聚落空间的有机组合，但却能以低密度、高绿化率的建筑布局达到与其周围环境的自然融合。

在适当节地的前提下，首先要拉大建筑间距、减少建筑长度、降低建筑层数（不宜超过5层）、采用传统坡顶、多植乔木灌木（成材树种、果树等），创造出比城市住区更为开敞、更为生态的居住空间。其次，要尽可能采用带状公共绿地，沿农村住区的主要道路布置，划分居住建筑群为若干有机组块，从而沟通农村住区内部绿地与周围的农田、树林，使公寓式农村住区自然融合到周围环境背景中。第三，住宅组合要充分利用现有地形地貌特征，最大限度保留现有树木（尤其是古树名木）和历史建筑（老宅、祠堂、庙宇等），延续已有的空间辨识系统，营造成熟社区氛围。

4.3 村庄整合的运作谋划

村庄整合实施的运作谋划，包括村庄整合资金运作、政策配套、组织管理三项内容。

4.3.1 村庄整合资金运作

实践表明，村庄整合资金的及时到位及其合理使用是村庄整合顺利实施的关键所在。因此，村庄整合资金运作是村庄整合运作谋划的首要内容。

（1）及时筹措村庄整合资金

1）增加政府资金投入

受资金投入的制约，我国大部分的村庄整合采取了异地重建模式，即先在空地上建设新村，然后整理旧村用地。在此过程中，村民房屋拆旧建新，公共设施和基础设施配套，以及土地整理复垦都需要大量资金。而我国村庄整合多数是在政府主导下进行的，因此推进村庄整合进程，首先就要增加政府资金投入。例如上海市郊区有农民90多万户，剔除已规划为城镇化、工业化和重大基础设施建设地区的近40万户外，尚有50万户农户居住的村庄需要进行整合。按照上海市现行的村庄改造奖补标准，至少需要50亿元以上的财政投入才能将村庄整合完毕。可是，目前村庄改造资金只是在支农资金中每年安排了不到2个亿，按此进度上海需要20多年才能完成村庄整合。经济实力雄厚、建设用地稀缺的上海尚且如此，更不用说其他地区了。因此，政府必须要加大村庄整合投资力度。

2）集中各级各类资金

随着城乡统筹发展和新农村建设的实施，各级政府不断加大对“三农”发展的投入，财政支农资金呈现出多元化特征。村庄整合过程中，将国家、省、市、县等各级政府扶持农村建设资金进行集中，充分发挥资金的集聚效应。另外，村庄整合建设中牵涉不同部门，例如农村道路属于公路部门，农村小学属于教育部门，农村诊所、卫生室属于卫生部门……，而不同部门的资金是分条线下达，工程进度有先有后，建设要求宽严不统一，需要把各部门投向农村的资金集中起来，重点投向保留村庄改造项目，以形成整体效应。

3）采取多元融资渠道

村庄整合投入巨大，而政府财力有限，必须广泛吸引民间投资，走由政府引导、村民和集体投入为主体、社会力量多方面支持的多渠道、多层次、多元化的投资道路。例如浙江省常山县，村庄整合以农村新社区建设为载体，通过“向上级争取一点、县财政补贴一点、乡镇财政安排一点、村集体投入一点、农户自筹一点”等方式，采用多渠道筹集建设资金，2004年以来从各方面共筹集资金6871.8万元用于农村新社区建设。

在社会力量参与村庄整合过程中，可以组建专门投融资开发建设公司或利用村庄原有的融资平台作为村庄整合建设的投融资建设主体，以项目资产和预期收益为担保抵押融资，鼓励采用合作、参股、集资、冠名等多种形式融资，允许积极探索将拟置换的集体建设用地进行抵押贷款。利用原有融资平台的村庄，要确保主要业务为村庄整合建设项目运作。

除此之外，还可以运用市场机制和规律将村庄优势资源转变为资金。例如通过转化农村土地使用权、出售建设用地指标的方式可以吸引投资方进行融资，填补村庄整合所需的大量资金。

（2）合理使用村庄整合资金

筹集村庄整合所需的大量资金很困难，但要合理、有序地使用筹集到的资金也不容易。

1）确保村庄整合资金专款专用

长期以来，我国广大农村地区普遍存在人均、户均村庄用地指标偏高，建设用地粗放低效现象。以农村宅基地整理为主的村庄整合，可以降低人均建设用地指标、节约村庄建设用地。例如山东省齐河县安头乡冢子张村进行了整体迁建，新建社区占地仅有原村的三分之一；南北社区通过整体迁建，新社区统一建楼房，合并的7个村庄整理出用地240多公顷。在我国试行“城乡建设用地增建挂钩”政策引导下，整理出的土地可以拆换成建设用地指标进行出让，并从中获得经济收益，为解开村庄整合资金匮乏的提供途径。这部分建设用地周转指标出让金，要优先、专项用于新村建设，不得挪用于其他方面。

2）设立村庄整合建设专项基金

对于通过出让建设用地指标获得的经济收益，应该设立村庄整合建设专项基金，用于新建村庄公共服务设施和市政配套设施的配建以及日后的维护与修建。对于建设中已完成大配套的农村社区，可通过返还等方式予以奖励；对于未完成大配套的农村社区，从基金中拨款，由政府组织有关建设单位完成；对于未完成小配套的，由政府组织完成配套设施建设，按实际发生的费用向建设单位收取配套费，并将其纳入建设基金。

4.3.2 村庄整合政策配套

村庄整合的顺利实施不仅需要资金保障，还需要相关配套政策，例如土地整理政策、拆迁安置政策和建设管理办法。

（1）深化土地整理政策

村庄整合，特别是采用异地迁建模式，先期需要“收储”土地来建设新村，因而必须对村庄土地进行跨组调整或者跨村调整。在我国农村土地承包30年期限不变的政策规定下，土地调整不可能用行政措施强制推行，加之部分村民因对村庄整合认识不够而不愿意调整土地，给村庄土地调整带来了很大难度。为确保村庄整合的顺利实施，在实践中需要建立土地调整奖励政策，对于符合土地利用总体规划的土地调整给予一定的奖励或者优惠政策。

村庄整合完成后，“拆旧”村庄土地同样需要整理。土地整理不但需要资金投入，而且需要村民的支持。为调动村民参与村庄建设用地整理的积极性，村庄整合中要制定合理的土地整理奖励政策，特别是在城乡建设用地增减挂钩政策背景下，土地指标出让是有出让金的，奖励政策可以让农民能够享受到土地整理带来的收益。例如山东省各“增减挂钩”政策试点地区政府给予的土地整理奖励一般在2.5万~5万元/亩之间（季楠，2010）。现在存在的问题是，与周转指标出让金相比，给予村民的土地整理奖励还是过低。

（2）完善拆迁安置政策

对于需要搬迁安置的村民，应制定一个完善的搬迁安置政策，规定详细的安置流程和安置标准，明确实施主体。房屋拆迁可采取无偿拆除、强制拆除、折价拆除等多种形式进行。折价补偿应按照房屋成新、结构差别、装修程度、占地和建筑面积等不同给予折价补偿。宅基地安置应根据“一户一宅”原则，严格按大、中、小户标准进行安排。对于拆少建多的拆迁户，其差额部分宅基地，应收取安置土地平整和基础设施配套成本；对于拆多建少的拆迁户，其差额部分宅基地可按照一定标准给予补偿；房屋拆除后不申请安排宅基地的，按一定标准给予相应建筑面积的补偿。

(3) 制定建设管理办法

为推动村庄整合工作，还要制定相应的建设管理办法。例如，对于规划中撤销的村庄，今后一律不得批准新建房屋，翻新、改建房屋也必须严格把关；规划中保留村庄，应大力推行拆旧建新，优先利用宅基地、空闲地、废地建房，积极落实农村“一户一宅”的用地制度，提倡经济条件好的村庄建造楼房，达到节约用地的目的。

4.3.3 村庄整合组织管理

(1) 加强领导

村庄整合是一项周期长、涉及面广、政策性强，与群众利益密切相关，事关发展、稳定大局的工作。各级各部门要高度重视，切实把村庄整合工作列入重要的议事日程。为加强对村庄整合工作的领导，各乡镇应成立村庄整合工作领导小组，最好由党委书记任组长，党委副书记、镇长任常务副组长，各镇党委委员任副组长，镇政府包村干部和各村党支部书记为成员，具体负责实施村庄整合工作。为加快建设进程，乡镇还应成立新农村建设办公室，每个村由1名乡镇班子成员负责，并从所辖村抽调1名村委成员任办公室成员，具体负责调查摸底、宣传发动等村庄整合的前期准备工作。同时，吸纳威信高、热心公益事业的人员加入到村庄整合的工作中来，引导群众、带动群众。

乡镇各党委委员对自己包片的村负有领导责任，要和包村干部一起深入到所包片的村开展工作，广泛宣传、积极动员，让广大村民认识到村庄整合对新农村建设的必要性和紧迫性。尊重村民意愿，不管是怎样的村庄整合方案，最终必须得到广大村民的认可才能实施。对计划整合的村财务要进行审计和清理，避免资产流失和滋生不良债权。对在村庄整合期间擅自处理资产的村两委成员要依法追究法律责任，确保集体的财产安全。

(2) 精心组织

村庄整合工作也是一项长期、复杂、艰巨的工作，不能急于求成、操之过急，更不能搞一刀切，应走树典型、分步骤、促推进之路（吴凡勇，2009）。

树典型，就是要把个别条件好的乡镇作为村庄整合的重点，在建制镇规划范围内条件较好的村、中心村和干部群众积极性比较高的村先开展起来，从中培育村庄整合典型村，以此来影响、辐射周边村庄，带动其他村庄参与整合。

分步骤，就是各乡镇要摸清本辖区各村的建设现状和发展条件，通过分析比较，制定出切实可行的分步骤或分阶段实施的村庄整合规划方案。一般条件比较好的村，可以规划5~8年就可以完成，条件比较差的村可以规划8~10年完成。

促推进，具体要做好三方面工作：一是村庄改造工作一定要经常化、制度化；二是村庄改造工作要进行分类指导，对不同的乡镇和不同类型的村，要有不同的改造方案和具体政策措施；三是要建立村庄整合验收制度。

图4-3 好当家集团村庄整合示意图

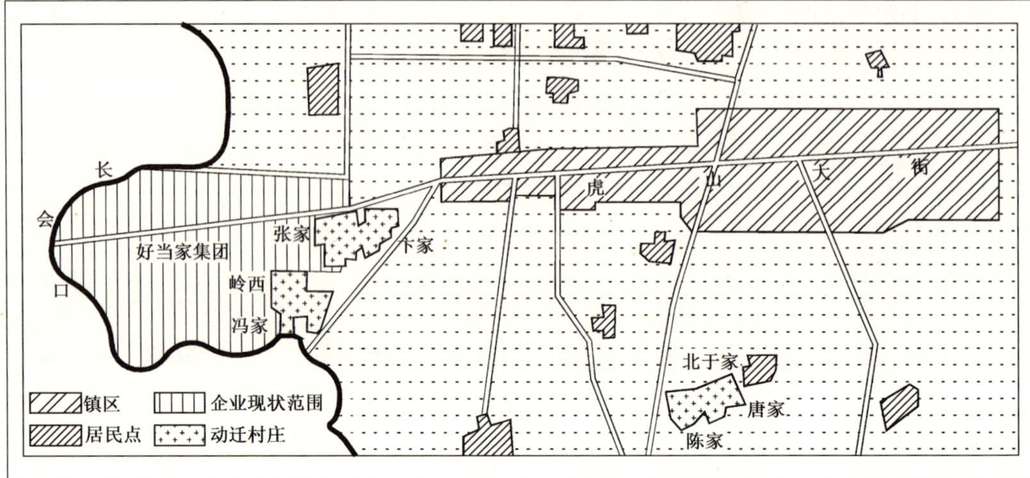

4.4 村庄整合的典型案例

4.4.1 好当家集团整合周边村庄

（1）概况介绍

好当家集团始建于1978年，位于山东省荣成市虎山镇。它早期主要从事海洋捕捞，后来通过养殖业、食品加工业增强了经济实力，目前形成了以造纸、发电、大洋渔业、旅游等为主的生产体系。

随着企业规模的逐渐壮大，好当家集团用地也不断扩展，提出了对周边张家、冯家、岭西、卞家、唐家、陈家、北于家7个村整合的要求。1999年地方政府对整合实施方案批复后，历经7年逐步完成了对周边7个村庄的整合。2008年，好当家集团共吸纳整合村庄的所有村民近6000人，将村民集中安置于运兴一区、二区两个新社区（图4-3）。

（2）整合经验

为了促进村庄整合顺利实施，好当家集团提供了各种优惠政策。一是，为每位村民免费提供25m^{2}的住房；二是，为年满60岁老年人发放福利，并给予20%的医疗报销；三是，企业内职工医疗费可报销50%；四是，村庄未拆迁之前每人可留6分菜地耕种；五是，住区内配套了超市、广场、幼儿园、小学、文化活动室等公共设施，并进行了道路以及基础设施的建设，使村民生活环境得到较大改善；六是，企业吸纳了劳动力6000多人，解决了被整合村庄村民的就业问题。

整个搬迁整合过程，按照好当家集团与村民签署的合并意向书与并入合同书的规定进行，所有资产、资源、土地、债权债务、账目及原对外承包契约全部归好当家集团公司所有，统一管理。

图4-4 原五村分布图　　　　图4-5 五村整合操作图

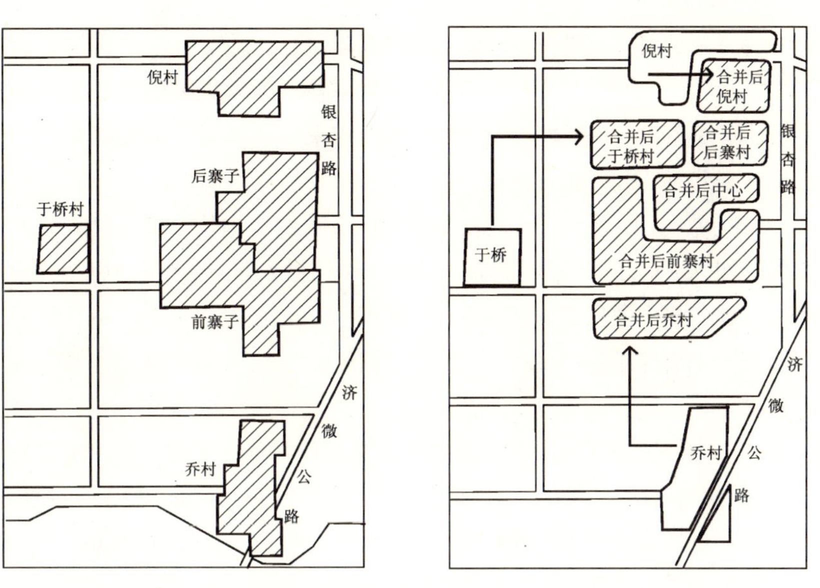

(3) 实施成效

目前被好当家集团整合的七个村庄内已有80%以上村民入住了公用设施配套相对齐全的新社区，住宅形式为多层单元式楼房，户均约95m²。原村庄的土地资源得到释放，在集团带领下种植了蔬菜、粮果、苗圃等，促进了农业产业结构调整；农村部分劳动力得到解放，从事集团安排的食品加工、养殖、工业、捕捞等劳动，收入水平得到较大提高。而好当家集团作为村庄整合的实施主体，不仅获得了原村庄的各种资源的拥有权与管理权，如滨海湾的土地以及水产资源，还获得了良好的区位条件，为企业开展航运、渔业、滨海旅游等产业奠定了基础。

4.4.2 寨子中心村“五村合一”

(1) 概况介绍

山东省兖州市新兖镇的前寨村、后寨村、倪村、乔村和于桥村位于新兖镇南部，共有村民731户，户籍人口2801人。这个五村在地理位置上较为集中，但是距镇驻地较远、经济发展缓慢，存在基础设施重复建设等现象。1998年，新兖镇镇政府确定了寨子中心村的村庄整合方案，并于2000年开始组织实施。依据村庄整合规划方案，乔村和于桥村需整体搬迁，前寨村、后寨村、倪村进行原址旧村改造，形成“五村合一”的寨子中心村（图4-4、图4-5）。

(2) 整合经验

在寨子中心村“五村合一”中，充分体现了规划引导、资金筹措以及运作谋划的重要性。

规划引导方面，体现在村庄新集聚地的选择上。新集聚地位置适中，东临银杏路，交通便捷，具备良好的发展条件。规划方案按照集聚人口规模对建设用地进行了重新布局，配置了市政工程设施、公共服务设施、公共绿地以及村民健身活动场所。

资金筹措方面，采用多元化的融资方式。公共设施建设以政府筹资为主，在2001～2002年期间，投入420万元建设了建筑面积720m^{2}的村委办公楼和占地面积5600m^{2}的小学，建设了村庄给水设施、硬化了主要街道；投资20万元建设中心绿化广场。目前，寨子中心村已形成了比较完善的公共服务设施。住宅建设则由村民自筹资金，每栋住宅建设成本大约为5万～7万元。

运作谋划方面，首先，将迁移村民按原自然村成片安置，尽可能保留原有的邻里关系，易于让迁移村民接受；其次，由于迁移村民的集聚建设活动需要占用原住地村民的土地，关系到被征土地所有者和使用者的权益。为此，在土地征用过程中建立了协商机制，根据原住村民的实际条件，采用两种方式解决土地使用问题：一是进行两村间的土地置换；二是采用土地租赁。例如乔村按1：1.3的比例与前寨村进行土地置换，于桥村按每年7496元/hm^{2}的价格租赁后寨村的土地，促使了于桥村和乔村迁移的实施。再者，镇政府对迁移村民给予每户8000元的补助，从而使村庄的搬迁集聚工作能够有效、有序地进行。

(3) 实施成效

自2000年实施村庄整合以来，寨子中心村已建成了332套住宅，完成了近一半村民的搬迁（图4-6）。新规划宅基地平均占地约130m^2/户，比原来宅基用地（约240m^2/户）减少100多m^2，这样村庄整合共可节约用地33.4hm^2。

目前拆迁房屋释放出的土地，部分已得到整理，还有一些用地进行了功能的转变。例如倪村整理出的土地作为兖州市农高园用地，不仅提高了土地的产出效益，同时也为村民带来了额外的经济收益。

在政府引导下，中心村公共服务设施的建设促使了周边村庄向中心村的集聚，同时提高了村民的生活条件，村容村貌得到较大改善。

4.4.3 鲍店矿采煤区“四村合一”

(1) 概况介绍

随着煤炭资源的开发，采矿区的自然生态环境受到不同程度破坏，并出现了大面积土地塌陷。位于塌陷内村庄的村民生活、生产受到严重影响，需要对村庄进行搬迁。在村庄搬迁过程中，兖州市实施了村庄整合工程。

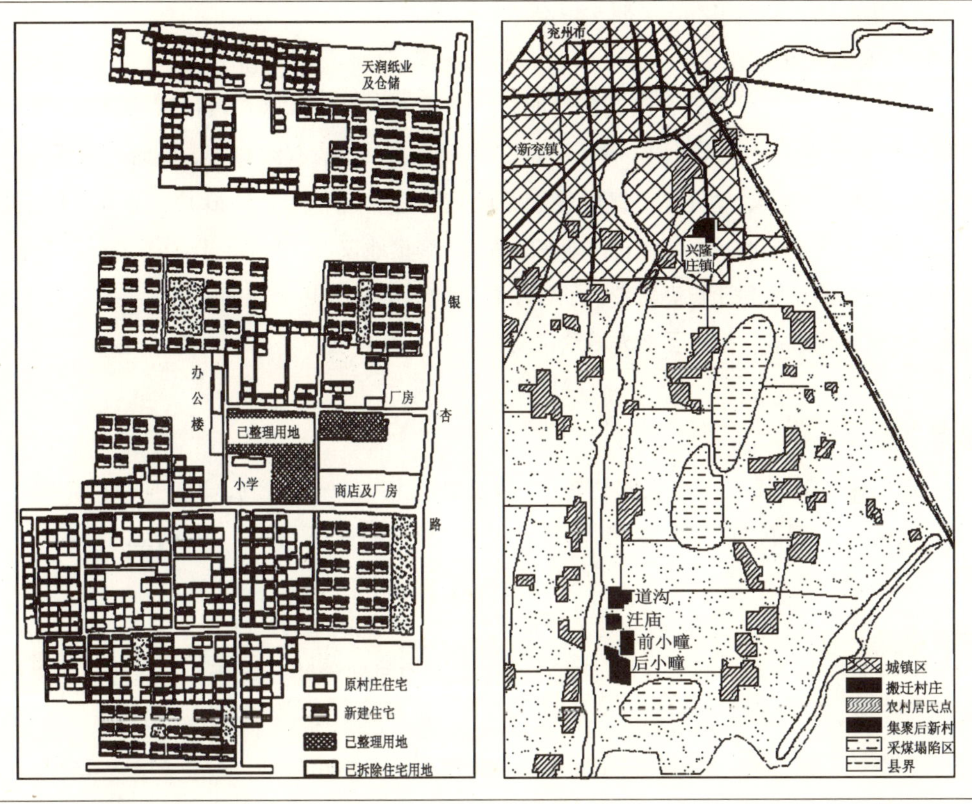

图4-6　村庄整合过程示意图　　　　图4-7　村庄搬迁集聚示意

兴隆庄镇位于兖州市东南部，是重要的采煤区。煤炭资源的开发造成镇域内出现了不同程度的塌陷区，前小疃、后小疃、道沟、汪庙四个村位于镇南部的鲍店矿采煤区。由于土地塌陷严重，原村落已不适应人们生存与居住。2004年进行了村庄整体搬迁，集中安置在镇驻地北部，从而实现村庄整合（图4-7）。

（2）整合经验

从规划层面来看，兴隆庄镇选择镇驻地北部作为新的聚集地，与镇驻地居住组团形成一个整体，有利于社区公共设施配置与建设。

从实施层面来看，由于煤炭塌陷而实现的村庄整合具有强烈的经济性与政治性。一方面，村庄整合过程由政府组织，地方相关单位协作完成；另一方面，国家以及地方关于压煤区村庄搬迁都已有了明确的规定，因此村庄从计划搬迁到选择新的集聚地都必须按照具体章程实施。兴隆庄镇四村搬迁集聚是根据地方政府压煤区村庄搬迁实施办法以及《有关压煤建筑物搬迁、征地文件法规》进行的，对于搬迁涉及资金、迁建房屋标准、搬迁工程、采煤塌陷造成的农业生产损失补偿等都作了明文规定。

（3）实施成效

通过塌陷区四村的搬迁，已在镇驻地北侧建成了新农村社区。该社区总投资1.5亿元，建设了45栋住宅楼，建筑面积14.46万m^2，并配有水、电、有线电视、宽带、电话、广场、商场、办公楼、学校、幼儿园、医院等服务设施。它不仅解决了1120户、3800人的安居问题，还节约了大量土地。原来四村占地$60hm^2$，新聚集地仅占$24hm^2$，节约了$36hm^2$用地。通过压煤区村庄的整体搬迁与集聚带来了各项要素的集中及公共设施的完善，提高了镇驻地产业发展以及集聚效益，推进了地方城镇化发展。

参考文献

[1] 赵燕菁．制度变迁·小城镇发展·中国城镇化［J］．城市规划，2001（8）：47-57.

[2] 袁枫朝，燕新程．集体建设用地流转之三方博弈［J］．中国土地科学，2009（2）：58-63.

[3] 徐经泽，叶春雷．村庄兼并现象浅析［J］．村镇建设，1997（8）：42-43.

[4] 胡建渊，赵春玲．政府主导型的社会主义新农村建设路径探析［J］．社会主义研究，2007（4）：74-76.

[5] 张军民，冀晶娟．新时期村庄规划控制研究［J］．城市规划，2008（12）：58-61．

[6] 龙玉祥．基于文化营销的乡村旅游发展战略初探［J］．农村经济，2009（6）：59-61.

[7] 柴彦威，田原裕子，李昌霞．老年人居住迁移的地理学研究进展［J］．地域研究与开发，2006（3）：109-115.

[8] 成升魁．休闲农业研究进展及其若干理论问题［J］．旅游学刊，2005（5）：26-30.

[9] 周瑾．浅谈新农村规划的污水处理模式［J］．中国农村水利水电，2008（7）：27-28.

[10] 顾华．北京市农村污水处理成效及经验探讨［J］．水工业市场，2009（6）：19-21.

[11] 张慎娟．反思新农村规划［J］．广西城市建设，2007（5）：56-59.

[12] 龚维斌．我国农民群体的分化及其走向［J］．国家行政学院学报，2003（3）：68-72.

[13] 李开宇．基于“乡村性”的乡村旅游及其社会意义［J］．生产力研究，2005（6）：107-108.

[14] 吴凡勇．农村村庄改造措施探讨［J］．现代农业科技，2009（22）：397-398.

[15] 中华人民共和国住房与城乡建设部．村镇建设统计公报［Z］．1996-2007.

[16] 冀晶娟．快速城镇化时期山东省村庄集聚研究［Z］．山东建筑大学，2008.

[17] 魏晔玲. 村庄体系规划：描绘京郊发展新蓝图——访北京市规划委员会副主任谈绪祥［J］. 前线，2009（5）：49-50.

[18] 宋壮源. 整合各方力量，推进村庄改造［N/OP］. 上海市农委网，http：//e-nw. shac. gov. cn/zfxxgk/zhuanti/ss-cunzhuang/lilun/201005/t20100525_ 1266708. htm.

[19] 赵鸣骥，张岩松等. 积极探索财政支持新农村建设的有效途径——浙江省财政支持"三农"情况调研报告［N/OP］. 中国黄页，2008-6-20，http：//www. chinapages. com/infonews/detail. html？newsid =23876.

[20] 季楠. "城乡建设用地增减挂钩"政策背景下村庄整合研究［Z］. 山东建筑大学，2010.

第5章 胶南市村庄体系重构规划

在胶南市村庄体系重构规划中，重点对乡镇发展能力综合评价、各乡镇乡村人口预测、各乡镇内村庄发展评价、各乡镇内保留村庄选择和村庄整合节地效果估测五项内容进行了讨论，解决了合理确定村庄迁并率和科学选择保留村庄两大问题。

考虑到村庄体系重构规划的实施，须与各乡镇近期建设发展的思路，村民参与村庄整合的态度，上级政府对各镇支持的力度等密切相关，建议在编制县域保留村庄规划以后，各乡镇单独制定为期5年的村庄体系重构规划实施计划，从而形成完整的规划编制体系。

胶南市村庄体系重构规划完成于2007年，故研究以2006年的数据为主、以2005年的数据为辅。

5.1 胶南市村庄建设发展现状分析

5.1.1 胶南市发展概况

胶南市为青岛市所辖的县级市，是国家最早批准的沿海开放城市之一，历史悠久、文化灿烂、经济发达。它位于山东半岛的西南角，地理坐标为北纬35°35′～36°08′，东经119°30′～120°11′；南临黄海，北靠胶州市，东接黄岛区，西邻诸城市、五莲县和日照市，面积1894km^2（图5-1、图5-2）。

（1）自然条件

胶南市属滨海低山丘陵区，海岸线长达138km，较大港湾有胶州湾、唐岛湾等16处，天然港口主要有积米崖、小口子、杨家洼、贡口、董家口等，海域面积近500万亩。

胶南境内山岭起伏，小珠山、铁橛山、藏马山和大珠山崛起于中部，构成东北—西南向隆起脊梁，支脉蔓延全境，有大小山头500余座。山岭之间，有大小河流125条，其中较大河流10条，自西北向东南倾斜入海。

胶南属北温带季风气候区，气候四季分明，春迟秋爽、夏无酷暑、冬少严寒。

（2）区位优势

胶南市距青岛流亭机场70km，距青岛前湾港20km；204国道和泰薛公路省道在城区交会，同三高速公路在胶南设5个出口和1个互通式立交，青岛海滨大道穿越胶南，交通区位十分优越。

（3）行政区划

2006年，胶南市辖珠山、珠海、隐珠、灵山卫、铁山和滨海6个街道办事处，琅琊、泊里、大场、大村、六汪、王台、张家楼、海青、宝山、藏南和理务关11个镇，以及经济开发区、旅游度假区、黄山经济区、胶河经济区和积米崖港区，总人口81.7万人（图5-3）。

图5-1 胶南市在山东半岛的区位图

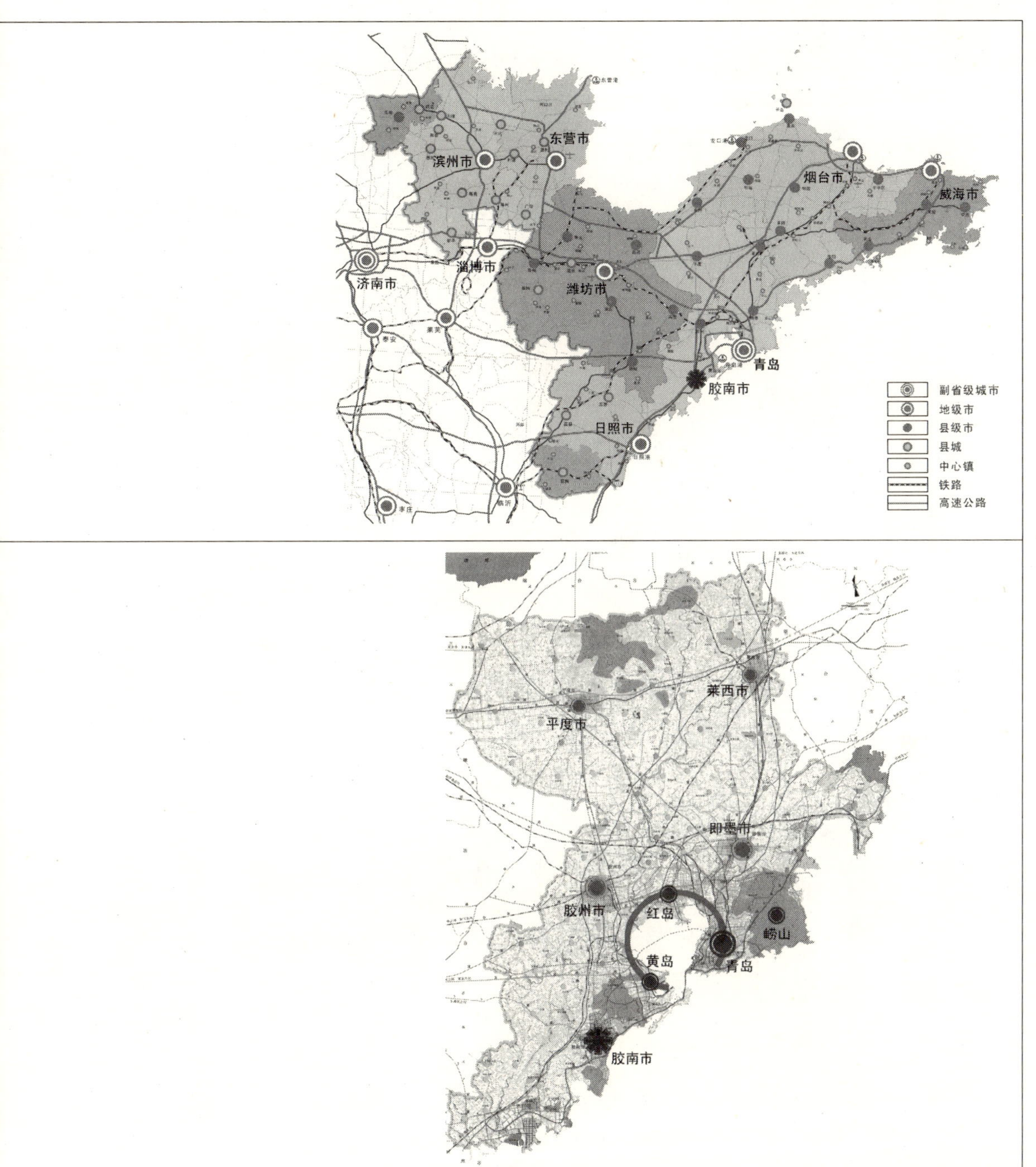

图5-2 胶南市在青岛市的区位图

图 5-3　胶南市行政区划图

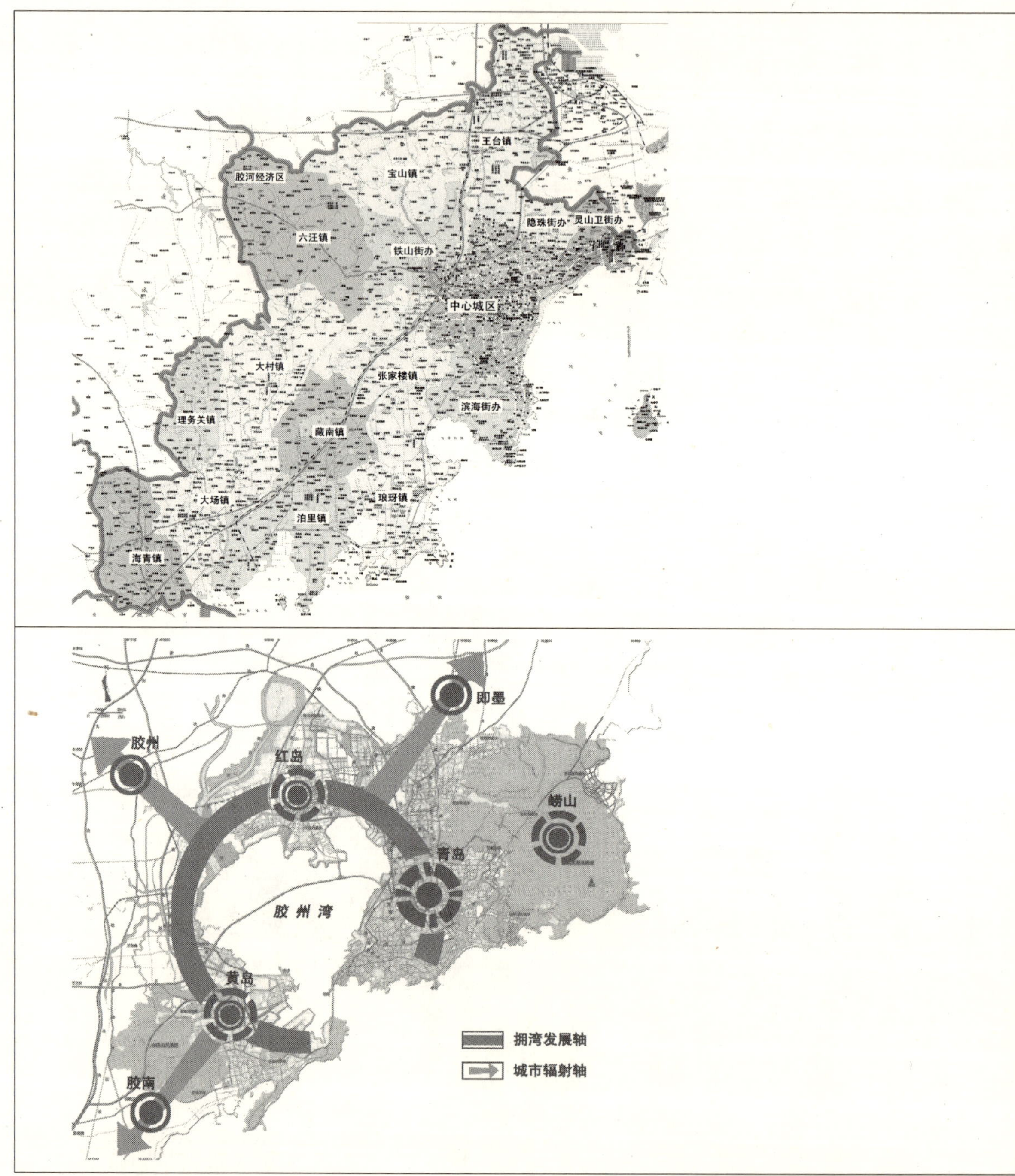

图 5-4　青岛市空间布局图

（4）经济发展

2006年，胶南市完成地区生产总值343.31亿元，可比增长17.6%，其中第一产业增加值30.55亿元，可比增长0.1%；第二产业增加值209.51亿元，增长21.7%；第三产业增加值103.25亿元，增长15.7%。一、二、三产业比例为8.9：61.03：30.07；地方财政收入15.77亿元，增长26.2%；农民人均纯收入6470元，增长12.8%。经济综合实力跃居全国最发达百强县（市）第31位，经济基本竞争力跃居全国百强县（市）第17位。

随着青岛经济重心战略西移，青岛港集装箱业务整体西迁前湾港以及青岛海湾大桥的顺利建设，胶南市优越的区位优势和良好的投资环境更加明显，已进入了一个高速发展的重大战略机遇期（图5-4）。以胶南市为主要腹地的青岛西海岸将建成大规模、现代化的工业中心区。胶南市作为青岛现代国际大都市的一个重要组成部分，必然在参与国际经济合作、分工和竞争中具有更广阔的发展空间。

5.1.2 胶南市村庄规模

2006年，胶南市共有行政村972个，乡村人口675879人，全市平均每个行政村695人。在各镇（街办、经济区）中，经济开发区行政村平均规模最大，为1662人；大村镇行政村平均规模最小，为511人。在22个镇（街办、经济区）中，平均每个镇有44个行政村。其中，泊里镇行政村最多，为101个；积米崖港区行政村最少，为5个。可见，胶南市各镇（街办、经济区）的行政村个数、村庄平均人口差异较大（表5-1）。

2006年胶南市各镇（街办、经济区）村庄基本情况　　表5-1

镇（街办、经济区）	村委会数（个）	户数（户）	人口（人）	村委会平均规模（人/个）
隐珠街办	50	11099	33638	673
滨海街办	37	10073	30744	831
张家楼镇	63	14221	42058	668
琅琊镇	59	10808	33791	573
藏南镇	43	9927	29896	695
泊里镇	101	20442	67092	664
大场镇	87	15279	50862	585
海青镇	64	12646	41983	656
理务关镇	33	5894	18477	560
大村镇	82	14044	41933	511
六汪镇	43	9783	30114	700
宝山镇	44	9485	29371	668
铁山街办	43	7032	22453	522

续表

镇（街办、经济区）	村委会数（个）	户数（户）	人口（人）	村委会平均规模（人/个）
王台镇	52	13070	42120	810
灵山卫街办	29	8084	23658	816
珠山街办	20	8971	27858	1393
珠海街办	18	7502	22453	1247
经济开发区	23	11972	38215	1662
旅游度假区	7	1255	4110	587
黄山经济区	37	6500	19842	536
胶河经济区	32	7053	21963	686
积米崖港区	5	1133	3248	650
合计	972	216273	675879	695

资料来源：胶南市统计年鉴2007。

在胶南市的行政村中，小于500人的村庄395个，占40.6%；大于500而小于1000人的村庄386个，占39.7%；大于1000而小于2000人的村庄175个，占18.0%；大于2000人的村庄16个，占1.7%。胶南市村庄人口规模较大，500人以上的村庄577个，占59.4%（表5-2）。

2006年胶南市各镇（街办、经济区）**村庄规模情况**　（单位：个）　**表5-2**

镇	行政村	<500人	500～1000人	1000～2000人	>2000人
隐珠街办	50	20	17	13	0
滨海街办	37	15	11	10	1
张家楼镇	63	25	27	11	0
琅琊镇	59	31	21	7	0
藏南镇	43	12	22	9	0
泊里镇	101	39	41	21	0
大场镇	87	43	36	8	0
海青镇	64	25	28	11	0
理务关镇	33	19	9	5	0
大村镇	82	43	33	6	0
六汪镇	43	15	18	10	0
宝山镇	44	16	21	7	0
铁山街办	43	27	13	3	0
王台镇	52	13	26	12	1

续表

镇	行政村	<500 人	500~1000 人	1000~2000 人	>2000 人
灵山卫街办	29	8	13	8	0
珠山街办	20	2	5	9	4
珠海街办	18	3	7	4	4
经济开发区	23	2	5	10	6
旅游度假区	7	3	4	0	0
黄山经济区	37	22	12	3	0
胶河经济区	32	10	15	7	0
积米崖港区	5	2	2	1	0
合计	972	395	386	175	16

资料来源：胶南市统计年鉴2007。

5.1.3 胶南市村庄用地

为工作方便起见，在胶南市随机抽取了大兰东村、小兰东村、薛家岭、菜园村、胜水河西、皂户、藤家村、秦家庄、东灰村、崖下、曹家溜、红草岭和法家庄15个村庄进行建设用地调查，其中丘陵村13个、平原村2个。

（1）人均村庄建设用地

调查发现，13个丘陵地区村庄的人均建设用地均超过了《山东省村庄建设规划编制技术导则》（试行稿）所规定的小于或等于80m^{2}的标准，其中最小者为琅琊镇曹家溜，人均建设用地为83.7m^2，最大的为薛家岭，人均建设用地为162.5m^2。两个平原村的人均建设用地超过了《山东省村庄建设规划编制技术导则》（试行稿）所规定的小于或等于100m^{2}的标准，其中王家村人均建设用地为139.9m^2，超过标准39.9m^2（表5-3）。

胶南市15个村庄人均、户均建设用地一览表　　　　表5-3

村庄类型	村　名	人均建设用地（m^2）	户均宅基地（m^2）
丘陵村	大兰东村	127.8	167.2
	小兰东村	110.2	184.2
	薛家岭	162.5	219.9
	菜园村	126.1	268.8
	胜水河西	148.7	239.1
	皂　户	130.4	197.7
	藤家村	157.3	222.7

续表

村庄类型	村　　名	人均建设用地（m^2）	户均宅基地（m^2）
丘陵村	秦家庄	110.4	177.8
	东灰村	101.1	183.4
	崖　下	127.2	186.4
	曹家溜	83.7	161.1
	红草岭	153.2	205.7
	法家庄	92.6	177.7
平原村	高家庄子	125.1	145.3
	王家村	139.9	196.0

资料来源：根据胶南市村庄调查问卷整理而得。

(2) 村庄建设用地结构

在胶南市村庄用地中，各类用地比例不平衡，其中居住用地中宅基地所占的比例较大，一般在32%以上，甚至有的村庄的宅基地比例达到60%。而多数村庄公共建筑用地占村庄建设用地的比例在1%～4%，表明村庄公共设施极其匮乏，难以满足村民的生产、生活需要（表5-4）。

胶南市15个村庄建设用地结构表　　表5-4

村　名	居住用地		公共建筑（%）	道路用地（%）
	宅基地（%）	宅前路（%）		
大兰东村	54.00	16.00	3.00	13.00
小兰东村	53.96	12.54	3.84	19.57
薛家岭	42.83	10.44	0.59	9.90
王家村	43.19	11.66	2.63	17.30
菜园村	58.53	7.93	10.16	14.21
胜水河西	47.89	13.84	13.53	10.4
高家庄子	49.92	10.03	1.80	9.73
皂　户	63.13	12.74	3.38	13.13
藤家村	32.02	6.87	7.19	5.23
秦家庄	49.94	9.92	2.54	8.43
东灰村	57.38	7.01	3.56	11.33
崖　下	63.96	14.99	3.95	20.49

续表

村　名	居住用地		公共建筑（%）	道路用地（%）
	宅基地（%）	宅前路（%）		
曹家溜	55.15	8.71	2.58	21.16
红草岭	48.08	13.98	1.32	12.71
法家庄	59.23	10.48	5.69	18.32

资料来源：根据胶南市村庄调查问卷整理而得。

(3) 户均宅基地

调查发现，13个丘陵地区村庄的户均宅基地均超过了《山东省村庄建设规划编制技术导则》(试行稿) 所规定的小于或等于133m² 的标准，其中最小者为琅琊镇曹家溜，户均宅基地为161.1m²，最大的为泊里镇菜园村，户均宅基地为268.8m²。

平原村的户均宅基地低于《山东省村庄建设规划编制技术导则》(试行稿) 所规定的小于或等于200m² 的标准，其中理务关镇高家庄子户均宅基地低于标准55.66m²。

(4) 村庄容积率

在所调查的15个村庄中，除珠山镇秦家庄的容积率为0.7外，其余14个村庄的容积率均低于0.4，其中有7个村的容积率在0.2以下。可见，村庄建设用地集约利用程度很低(表5-5)。

胶南市15个村庄建设用地开发强度统计表　　表5-5

村　名	容积率	村　名	容积率
大兰东村	0.23	皂户	0.19
小兰东村	0.3	藤家村	0.15
薛家岭	0.27	秦家庄	0.7
王家村	0.36	东灰村	0.28
菜园村	0.15	崖下	0.19
胜水河西	0.15	曹家溜	0.34
高家庄子	0.19	红草岭	0.2
法家庄	0.33		

(5) 村庄空闲地

胶南市各村空闲地情况差异较大。在所调查15个村庄中，3个村庄的空闲地占村庄用地的比例小于1%，4个村庄的空闲地占村庄建设用地的比例在1%～10%，8个村庄的空闲地占村庄建设用地的比例在10%以上，其中最高的为秦家庄，空闲地占村庄建设用地的比重高达30.45%，胶南市农村的“空心村”现象较为严重。

图 5-5　胶南市镇（街办、经济区）发展能力评价指标体系

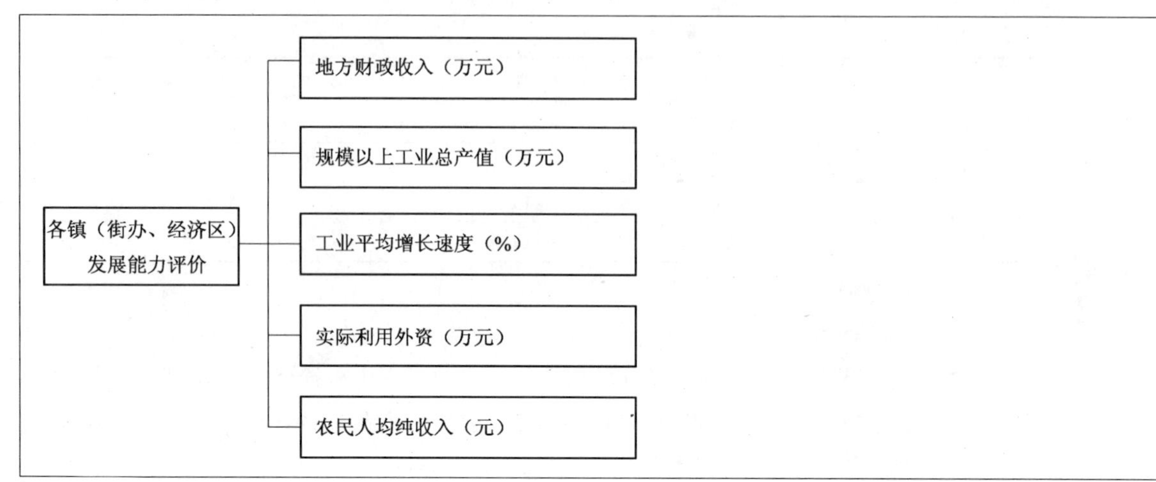

5.2　胶南市乡镇发展能力综合评价

在胶南市村庄体系重构规划中，采用本书第 2 章中乡镇发展能力评价方法对胶南市辖区内各镇（街办、经济区）进行了评价。

5.2.1　评价指标体系建立

根据胶南市各镇（街办、经济区）发展特征、指标体系设计原则以及基础资料的可得性，建立了由地方财政收入、规模以上工业总产值、工业平均增长速度、实际利用外资、农民人均纯收入五项因子组成的镇（街办、经济区）发展能力评价指标体系，如图 5-5 所示。

5.2.2　基础数据汇总整理

胶南市各乡镇（街办、经济区）发展能力评价的现状数据的汇总如表 5-6 所示：

胶南市各乡镇（街办、经济区）发展能力评价现状数据一览表　　　表 5-6

乡镇名称	地方财政收入（万元）	规模以上工业总产值（万元）	工业平均增长速度（%）	实际利用外资（万美元）	农民人均纯收入（元）
隐　珠	11087	972666.67	1.4	4204.5	7056.33
滨　海	2826.67	92433.33	1.53	3058.5	6043.67
张家楼	1523	20036.67	1.84	1307.5	5466.67
琅　琊	1543.67	13633.33	2.7	1197.83	5997
藏　南	1749	113700	1.39	1215.17	5622.33
泊　里	2591.33	35800	1.86	1426.67	5516.33
大　场	1714	42066.67	1.53	1199.33	5392

续表

乡镇名称	地方财政收入（万元）	规模以上工业总产值（万元）	工业平均增长速度（%）	实际利用外资（万美元）	农民人均纯收入（元）
海　青	1959.33	35633.33	1.59	1508.33	5460
理务关	895	23033.33	1.47	1112	5241.67
大　村	1544.67	120500	1.38	1236	5392.67
六　汪	1065	58973.33	1.43	1143.67	5268.33
宝　山	1291.33	27500	1.44	1215.67	5064.67
铁　山	1162.33	18833.33	2.43	1495.83	5638
王　台	6822	423070	1.45	4195.83	6920
灵山卫	6157	156700	1.75	4087.67	6508.33
珠　山	5068.33	117040	2.4	3963.67	6030.33
珠　海	8376.33	133583.33	1.81	4093.33	6084
开发区	6186.33	247800	1.21	4770	6446.33
度假区	401.67	4270	1.65	1150	5868.33
黄　山	2185.33	52966.67	1.48	2110	5715.67
胶　河	1032.67	29766.67	1.55	1327.5	5256.33
积米崖	1911.33	18466.67	1.67	1502.33	6497

资料来源：胶南市统计年鉴2007。

5.2.3　影响因子权重确定

（1）因子分析法确定权重

因子分析法确定权重，包括在SPSS中建立数据文件、进行因子分析、进行KMO检验和因子权重确定四个工作阶段。

1）在SPSS中建立数据文件

在SPSS V13.0 for Windows中新建乡镇评价文件。根据各项指标对数据的要求，在SPSS Variable View中定义乡镇名称和5个指标共6个变量的名称、变量类型、变量宽度及小数点位数，以及变量标签、变量值标签、缺失值、显示宽度、显示对齐方式、变量的测度类型。然后，在数据窗口（Date View）中，将整理原始数据复制过来，如图5-6、图5-7所示。

2）进行因子分析

第一步，按Analyze → Date Reduction → Factor的顺序点击菜单项，展开对话框因子分析（图5-8）。

图 5-6　SPSS 变量观察窗口

图 5-7　SPSS 数据窗口

乡镇评价 － SPSS Data Editor

File Edit View Data Transform Analyze Graphs Utilities Window Help

	Name	Type	Width	Decimals	Label	Values	Missing	Columns	Align	Measure
1	name	String	8	0	乡镇名称	None	None	8	Right	Nominal
2	caizheng	Numeric	8	2	财政收入	None	None	8	Right	Scale
3	gongye	Numeric	8	2	规模以上工业总产值	None	None	8	Right	Scale
4	gysudu	Numeric	8	2	工业增长速度	None	None	8	Right	Scale
5	waizi	Numeric	8	2	实际利用外资	None	None	8	Right	Scale
6	nmrenjun	Numeric	8	2	农民人均收入	None	None	8	Right	Scale

Data View / Variable View

SPSS Processor is ready

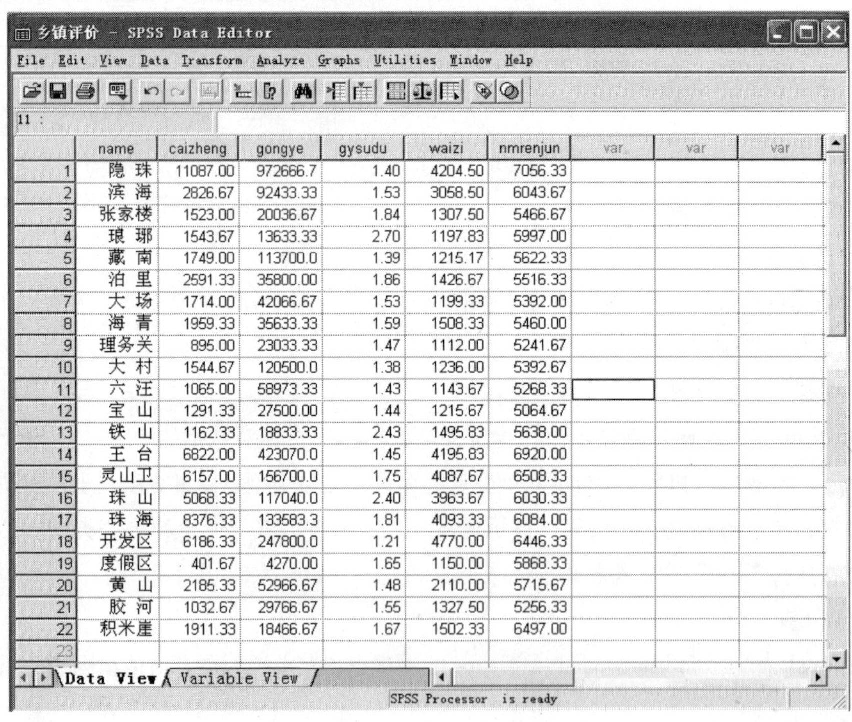

乡镇评价 － SPSS Data Editor

File Edit View Data Transform Analyze Graphs Utilities Window Help

11 :

	name	caizheng	gongye	gysudu	waizi	nmrenjun	var	var	var
1	隐 珠	11087.00	972666.7	1.40	4204.50	7056.33			
2	滨 海	2826.67	92433.33	1.53	3058.50	6043.67			
3	张家楼	1523.00	20036.67	1.84	1307.50	5466.67			
4	琅 琊	1543.67	13633.33	2.70	1197.83	5997.00			
5	藏 南	1749.00	113700.0	1.39	1215.17	5622.33			
6	泊 里	2591.33	35800.00	1.86	1426.67	5516.33			
7	大 场	1714.00	42066.67	1.53	1199.33	5392.00			
8	海 青	1959.33	35633.33	1.59	1508.33	5460.00			
9	理务关	895.00	23033.33	1.47	1112.00	5241.67			
10	大 村	1544.67	120500.0	1.38	1236.00	5392.67			
11	六 汪	1065.00	58973.33	1.43	1143.67	5268.33			
12	宝 山	1291.33	27500.00	1.44	1215.67	5064.67			
13	铁 山	1162.33	18833.33	2.43	1495.83	5638.00			
14	王 台	6822.00	423070.0	1.45	4195.83	6920.00			
15	灵山卫	6157.00	156700.0	1.75	4087.67	6508.33			
16	珠 山	5068.33	117040.0	2.40	3963.67	6030.33			
17	珠 海	8376.33	133583.3	1.81	4093.33	6084.00			
18	开发区	6186.33	247800.0	1.21	4770.00	6446.33			
19	度假区	401.67	4270.00	1.65	1150.00	5868.33			
20	黄 山	2185.33	52966.67	1.48	2110.00	5715.67			
21	胶 河	1032.67	29766.67	1.55	1327.50	5256.33			
22	积米崖	1911.33	18466.67	1.67	1502.33	6497.00			

Data View / Variable View

SPSS Processor is ready

图 5-8　SPSS 数据窗口

图 5-9　SPSS 中因子分析对话框

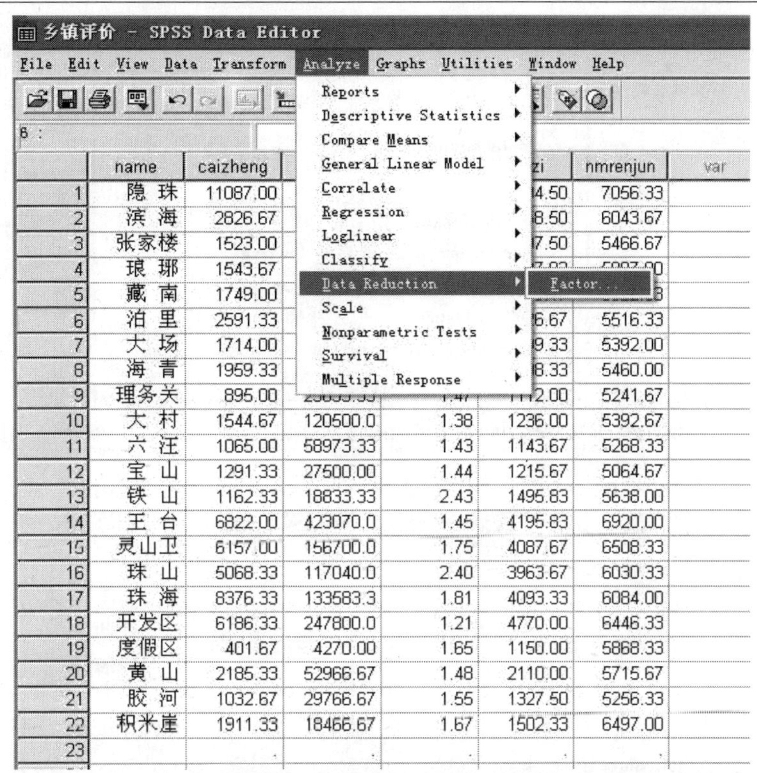

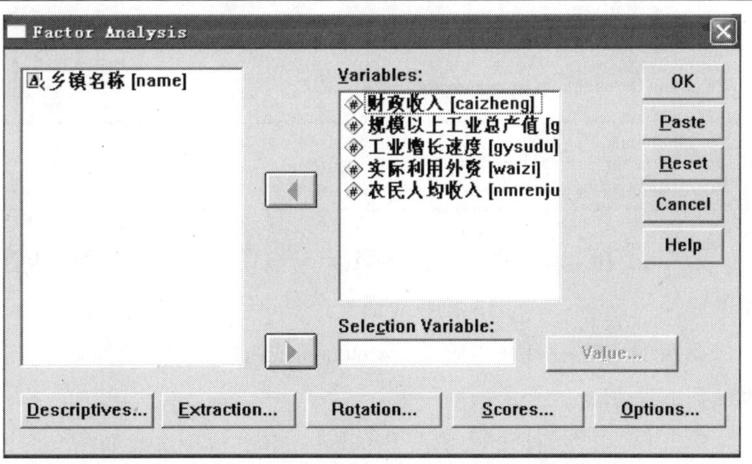

第二步，在左面的矩形框中选择变量——地方财政收入、规模以上工业总产值、工业平均增长速度、实际利用外资、农民人均纯收入，单击向右箭头按钮，把选中的变量移到右面的 Variables 框中（图 5-9）。

图 5-10　SPSS 中因子分析 Descriptive 对话框

图 5-11　SPSS 中因子分析 Extraction 对话框

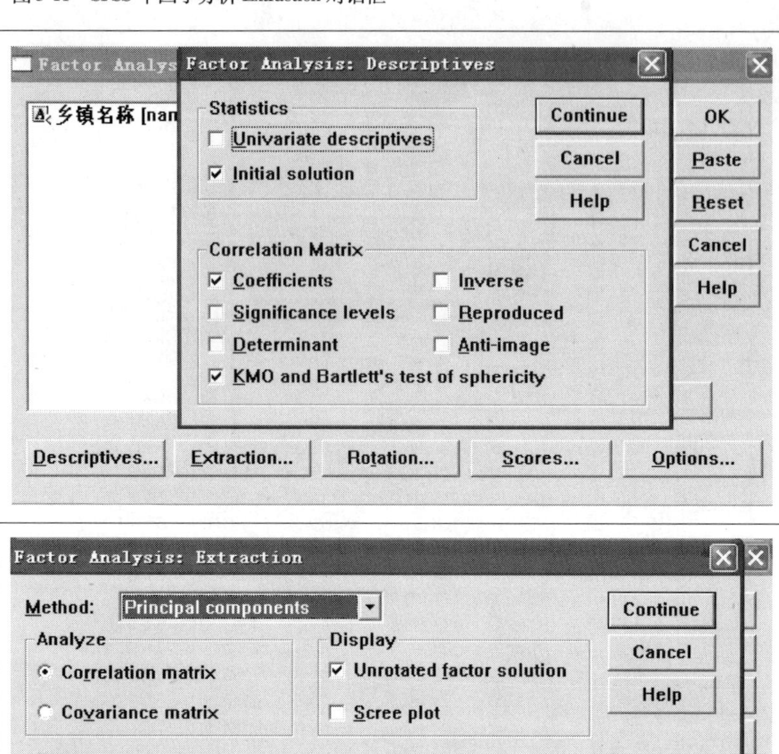

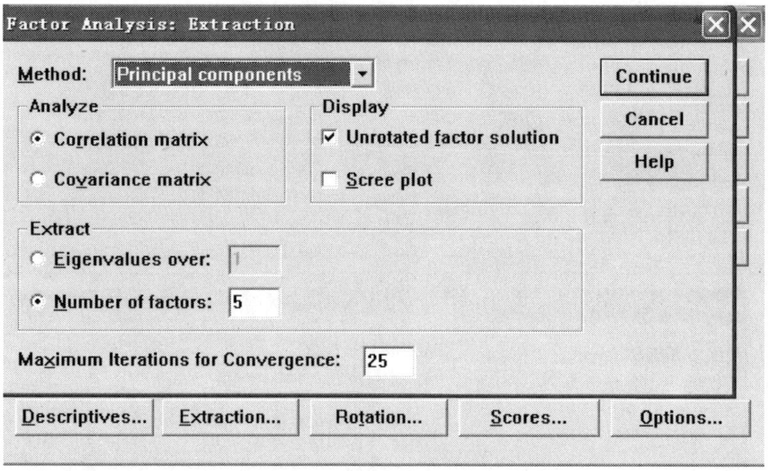

第三步，在主对话框中单击 Descriptive 按钮，展开相应的对话框，选项选取如图 5-10 所示，然后点击 Continue 返回到主对话框。

第四步，在主对话框中单击 Extraction 按钮，选项选取如图 5-11 所示，然后点击 Continue 返回到主对话框。

第五步，在主对话框中单击 Rotation 按钮，选项选取如图 5-12 所示，然后点击 Continue 返回到主对话框。

第六步，在主对话框中单击 Scores 按钮，选项选取如图 5-13 所示，然后点击 Continue 返回到主对话框。

图 5-12 SPSS 中因子分析 Rotation 对话框

图 5-13 SPSS 中因子分析 Scores 对话框

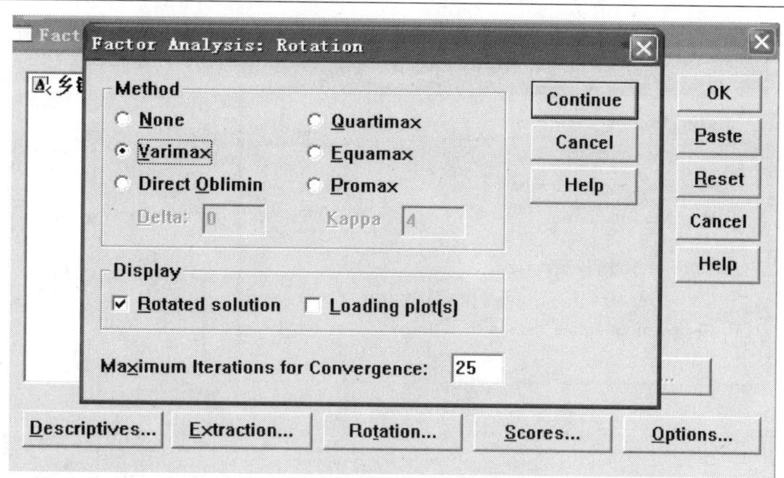

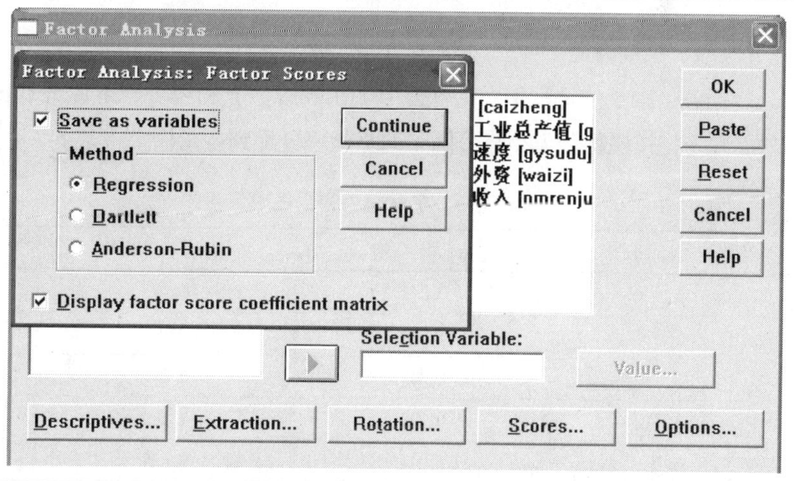

第七步，在主对话框中单击 Option 按钮，选项选取如图 5-14 所示，然后点击 Continue 返回到主对话框。

第八步，点击主对话框 OK 按钮。

3）进行 KMO 检验

在 Output 中，首先输出的是乡镇（街办、经济区）各指标的均数和标准差、各指标相关关系矩阵以及 KMO 和 Bartlett's 检验。其中 KMO 为 0.656 >0.5，说明可以利用因子分析中的主成分分析方法对胶南市各镇（街办、经济区）发展能力进行评价。

图 5-14　SPSS 中因子分析 Option 对话框

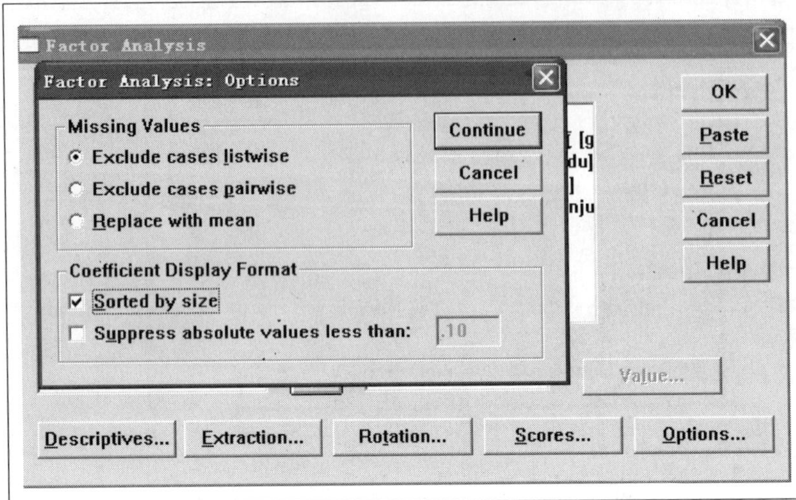

4）因子权重确定

根据各公因子的贡献率，结合公因子在各指标上的得分，可以计算出各指标的权重，计算的原则是将按照得分大小将公因子的贡献率分配到各指标上（表 5-7 ~ 表 5-9）。

各公因子的特征值与贡献率　　**表 5-7**

公　因　子	特　征　值	贡献率（%）	累计贡献率（%）
1	3.342	66.85	66.848
2	1.043	20.86	87.708
3	0.344	6.887	94.595
4	0.229	4.580	99.175
5	0.041	0.825	100.000

各公因子在不同指标上的得分　　**表 5-8**

指　　标	公　因　子				
	1	2	3	4	5
地方财政收入	0.965	0.052	-0.029	0.208	-0.148
规模以上工业总产值	0.871	-0.198	0.435	0.087	0.080
工业平均增长速度	-0.175	0.972	0.134	0.077	0.016
实际利用外资	0.909	0.122	-0.369	0.105	0.110
农民人均纯收入	0.893	0.203	0.009	-0.401	-0.027

因子分析确定乡镇发展能力评价指标权重值表　　表 5-9

单　项　指　标	权　　重　　值
地方财政收入	0.2053
规模以上工业总产值	0.2234
工业平均增长速度	0.1743
实际利用外资	0.2004
农民人均纯收入	0.1966

① 地方财政收入权重

由公因子 1 而得到的权重：

$$f_{11}=\frac{0.965}{0.965+0.0871+0.909+0.893}\times 0.6685=0.17773$$

由公因子 2 而得到的权重：

$$f_{21}=\frac{0.052}{0.052+0.972+0.122+0.203}\times 0.2086=0.008$$

由公因子 3 而得到的权重：0

由公因子 4 而得到的权重：

$$f_{41}=\frac{0.208}{0.208+0.087+0.077+0.105}\times 0.0458=0.02$$

由公因子 5 而得到的权重：0

汇总地方财政收入因各公因子而得到的权重：

$$f_1=0.1773+0.008+0.002=0.2053$$

② 规模以上工业总产值

由公因子 1 而得到的权重：　$f_{12}=\frac{0.871}{0.965+0.871+0.909+0.893}\times 0.6685=0.16$

由公因子 2 而得到的权重：0

由公因子 3 而得到的权重：　$f_{32}=\frac{0.435}{0.435+0.134+0.009}\times 0.06887=0.0518$

由公因子 4 而得到的权重：

$$f_{42}=\frac{0.087}{0.208+0.087+0.077+0.105}\times 0.0458=0.0084$$

由公因子 5 而得到的权重：　$f_{52}=\frac{0.08}{0.08+0.016+0.11}\times 0.00825=0.0032$

汇总规模以上工业总产值因各公因子而得到的权重：

$$f_2 = 0.16 + 0 + 0.0518 + 0.0084 + 0.0032 = 0.2234$$

③ 工业平均增长速度

由公因子 1 而得到的权重：0

由公因子 2 而得到的权重：

$$f_{23} = \frac{0.972}{0.052 + 0.972 + 0.122 + 0.203} \times 0.2086 = 0.1503$$

由公因子 3 而得到的权重： $f_{33} = \frac{0.134}{0.435 + 0.134 + 0.009} \times 0.06887 = 0.016$

由公因子 4 而得到的权重：

$$f_{43} = \frac{0.077}{0.208 + 0.087 + 0.077 + 0.105} \times 0.0458 = 0.0074$$

由公因子 5 而得到的权重： $f_{53} = \frac{0.016}{0.08 + 0.016 + 0.11} \times 0.00825 = 0.0006$

汇总工业平均增长速度因各公因子而得到的权重：

$$f_3 = 0 + 0.1503 + 0.016 + 0.0074 + 0.0006 = 0.1743$$

④ 实际利用外资

由公因子 1 而得到的权重：

$$f_{14} = \frac{0.909}{0.965 + 0.0871 + 0.909 + 0.893} \times 0.6685 = 0.1670$$

由公因子 2 而得到的权重：

$$f_{24} = \frac{0.122}{0.052 + 0.972 + 0.122 + 0.203} \times 0.2086 = 0.0189$$

由公因子 3 而得到的权重：0

由公因子 4 而得到的权重：

$$f_{44} = \frac{0.105}{0.208 + 0.087 + 0.077 + 0.105} \times 0.0458 = 0.0101$$

由公因子 5 而得到的权重： $f_{52} = \frac{0.11}{0.08 + 0.016 + 0.11} \times 0.00825 = 0.0044$

汇总实际利用外资因各公因子而得到的权重：

$$f_4 = 0.1670 + 0.0189 + 0.0101 + 0.0044 = 0.2004$$

⑤ 农民人均纯收入

由公因子 1 而得到的权重：

$$f_{15} = \frac{0.893}{0.965 + 0.0871 + 0.909 + 0.893} \times 0.6685 = 0.1641$$

图 5-15 AHP 层次网络示意图

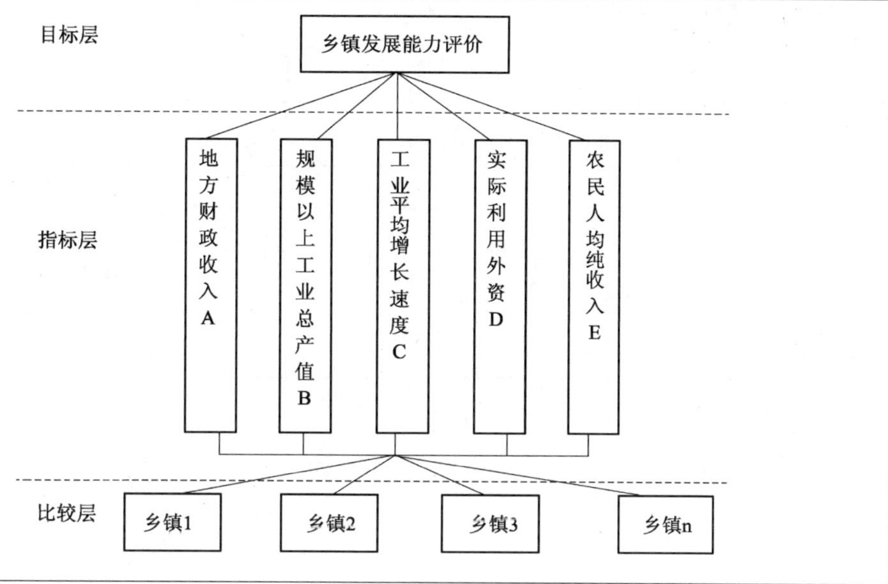

由公因子 2 而得到的权重：

$$f_{24}=\frac{0.203}{0.052+0.972+0.122+0.203}\times 0.2086=0.0314$$

由公因子 3 而得到的权重： $$f_{33}=\frac{0.009}{0.435+0.134+0.009}\times 0.06887=0.0011$$

由公因子 4 而得到的权重：0

由公因子 5 而得到的权重：0

汇总农民人均纯收入因各公因子而得到的权重：

$$f_4=0.1641+0.0314+0.0011+0+0=0.1966$$

（2）层次分析法确定权重

层次分析法确定权重，包括建立 AHP 的模型、构造判断矩阵、计算单一因素下各指标的相对权重三个工作阶段。

1）建立 AHP 的模型

AHP 的模型分三个层次：一是目标层，在此就是各镇（街办、经济区）发展能力；二是指标层，选定 5 个指标作为影响乡镇发展能力评价的主要指标；三是比较层（或方案层），即对不同镇（街办、经济区）发展能力进行比较。三个层次网络示意图如图 5-15 所示。

2）构造判断矩阵

根据 AHP 分析法的判断矩阵构造的一般原理，经过专家评估人员分析评价比较，通过对

5 个指标的两两判断，得出表 5-10 所示判断矩阵赋值。

判断矩阵赋值 **表 5-10**

	地方财政收入	规模以上工业总产值	工业平均增长速度	实际利用外资	农民人均纯收入
地方财政收入	1	1/5	1/3	1/3	3
规模以上工业总产值	5	1	3	3	3
工业平均增长速度	3	1/3	1	1/3	1
实际利用外资	3	1/3	3	1	3
农民人均纯收入	1/3	1/3	1	1/3	1

3）计算单一因素下各指标的相对权重

第一，将矩阵的元素按行求几何平均数，计算 A'_{ij}；

$$A'_1=\sqrt[5]{1\times\frac{1}{5}\times\frac{1}{3}\times\frac{1}{3}\times 3}=0.5818$$

$$A'_2=\sqrt[5]{5\times 1\times 3\times 3\times 3}=2.6673$$

$$A'_3=\sqrt[5]{3\times\frac{1}{3}\times 1\times\frac{1}{3}\times 1}=0.8027$$

$$A'_4=\sqrt[5]{3\times\frac{1}{3}\times 3\times 1\times 3}=1.5518$$

$$A'_5=\sqrt[5]{\frac{1}{3}\times\frac{1}{3}\times 1\times\frac{1}{3}\times 1}=0.5173$$

第二，将 A'_{ij} 按列相加计算 A'；

$$A'=0.5818+2.6673+0.8027+1.5518+0.5173=6.1209$$

第三，求权重 W_i，$W_i=\dfrac{A'_{ij}}{A'_i}$ 如表 5-11 所示。

计算各指标相对权重 **表 5-11**

指　标　名　称	A_{ij}	W_i
地方财政收入	0.5818	0.0951
规模以上工业总产值	2.6673	0.4358
工业平均增长速度	0.8027	0.1311
实际利用外资	1.5518	0.2535
农民人均纯收入	0.5173	0.0845

（3）指标权重的确定

取因子分析法和层次分析法分别确定的权重的平均数，即为各指标最后的权重，如表5-12所示。

胶南市各镇（街办、经济区）综合评价指标权重　　表5-12

评价指标	因子分析法	层次分析法	权重
地方财政收入	0.2053	0.0951	0.1502
规模以上工业总产值	0.2234	0.4358	0.3296
工业平均增长速度	0.1743	0.1311	0.1527
实际利用外资	0.2004	0.2535	0.2270
农民人均纯收入	0.1966	0.0845	0.1406

5.2.4 综合发展指数计算

利用公式，计算胶南市各镇（街办、经济区）综合发展指数。具体方法是将各镇（街办、经济区）各项指标数值与该项指标权重相乘而得到综合指数，然后对其进行排序，如表5-13所示。

胶南市各镇（街办、经济区）综合发展指数一览表　　表5-13

镇（街办、经济区）	综合指数	镇（街办、经济区）	综合指数
隐珠街办	0.8318	泊里镇	0.1595
王台镇	0.5797	张家楼	0.1262
开发区	0.4887	海青镇	0.1240
灵山卫街办	0.4747	藏南镇	0.1204
珠海街办	0.4746	度假区	0.1042
珠山街办	0.4711	大村镇	0.1039
滨海街办	0.2868	大场镇	0.0926
琅琊镇	0.2431	胶河经济区	0.0793
铁山街办	0.2050	六汪镇	0.0668
积米崖港区	0.1985	理务关镇	0.0525
黄山经济区	0.1772	宝山镇	0.0504

5.2.5 乡镇发展类型划分

根据各镇（街办、经济区）综合发展指数，将胶南市22个镇（街办、经济区）划分成四种类型：Ⅰ类为发展能力很强的镇（街办、经济区），Ⅱ类为发展能力较强的镇（街办、经济区），Ⅲ类为发展能力一般的镇（街办、经济区），Ⅳ类为发展能力较弱的镇（街办、经济区），具体见表5-14所示。

胶南市镇（街办、经济区）发展类型一览表　　表5-14

类　型	数量（个）	镇（街办、经济区）名称
Ⅰ类	2	隐珠街办、王台镇
Ⅱ类	7	开发区、灵山卫街办、珠海街办、珠山街办、滨海街办、琅琊镇、铁山街办
Ⅲ类	8	积米崖港区、黄山经济区、泊里镇、张家楼镇、海青镇、藏南镇、度假区、大村镇
Ⅳ类	5	大场镇、胶河经济区、六汪镇、理务关镇、宝山镇

5.3　胶南市各乡镇内乡村人口预测

5.3.1　胶南市域城镇化水平修正

《胶南市城市总体规划（2004—2020）》确定，2020年胶南市总人口为120万人，城镇化水平为70%，城市人口为60万人。考虑到青岛经济重心战略西移，王台镇的海西工业区、泊里镇的外向型加工区等飞地式工业区的快速发展，胶南市城镇化水平会有快速增长。本次规划中，将胶南市城镇化水平提高到75%。

5.3.2　乡镇平均城镇化水平预测

根据城镇化水平计算公式，胶南市各镇（街办、经济区）平均城镇化水平为城镇人口占镇（街办、经济区）总人口的比重。

其中，镇（街办、经济区）总人口＝全市总人口－中心城人口＝60万人

各镇（街办、经济区）城镇人口＝市域城镇化人口－中心城人口＝30万人

那么，镇（街办、经济区）平均城镇化水平＝城镇人口÷镇总人口＝50%

注：中心城含有乡村人口，由于其人数很少，在研究中忽略不计。

5.3.3　乡村人口预测

（1）市域乡村人口推测

根据胶南市总人口和城镇人口，可以推测出乡村人口为30万。

（2）含乡村人口的镇（街办、经济区）

珠山、珠海、隐珠三个街办处于城市中心区，多数村庄已处于建成区内，未来三个街办人口均按城市人口记。经济开发区、黄山经济区、积米崖港区、度假区，在《胶南市城市总体规划（2004—2020）》中为经济区，人口均按城市人口记。因此，这7个街办（经济区）不再参加胶南市乡村人口的分配。

所以，2020年胶南市的30万乡村人口只在王台镇、灵山卫街办等15个镇（街办、经济区）中配置。

(3) 镇（街办、经济区）乡村人口预测

1）确定各镇城镇化水平

根据各镇（街办、经济区）综合发展水平评价，确定各镇城镇化水平。具体方法是，Ⅰ类、Ⅱ类地区的城镇化水平高于全市城镇化平均水平，Ⅲ类、Ⅳ类地区的城镇化水平低于全市城镇化平均水平（表5-15）。

2020年胶南市各镇（街办、经济区）乡村人口预测表 **表5-15**

镇（街办、经济区）	各镇总体规划确定的总人口（万人）	根据城市总体规划修订的总人口（人）	城镇化水平（%）	乡村人口（人）
宝山镇	4.8	3.24	35	2.20
藏南镇	4.8	3.24	45	2.00
海青镇	5.9	3.98	45	2.30
大场镇	6.6	4.45	40	3.00
泊里镇	15	10.12	70	3.00
大村镇	5.4	3.64	45	2.00
王台镇	17.8	12.01	85	1.80
琅琊镇	8	5.4	50	2.70
理务关镇	3.5	2.36	35	1.50
六汪镇	6.1	4.12	40	2.50
张家楼镇	5	3.4	40	2.00
铁山街办	3	2.02	50	1.00
胶河经济区	3	2.02	45	1.10
灵山卫街办	—	—	—	1.10
滨海街办	—	—	—	1.80

2）修订各镇（街办、经济区）总体人口

首先，将各镇（街办、经济区）总体规划中确定的总体人口汇总求和为P_1；

其次，根据《胶南市城市总体规划（2004—2020）》预测的各镇（街办、经济区）总人口P_2与P_1相比，求得比例系数为R；

最后，用各镇（街办、经济区）总体规划中确定的总体人口乘以比例系数R，就是修订以后各镇（街办、经济区）的总人口。

图 5-16　胶南市村庄发展综合评价指标体系

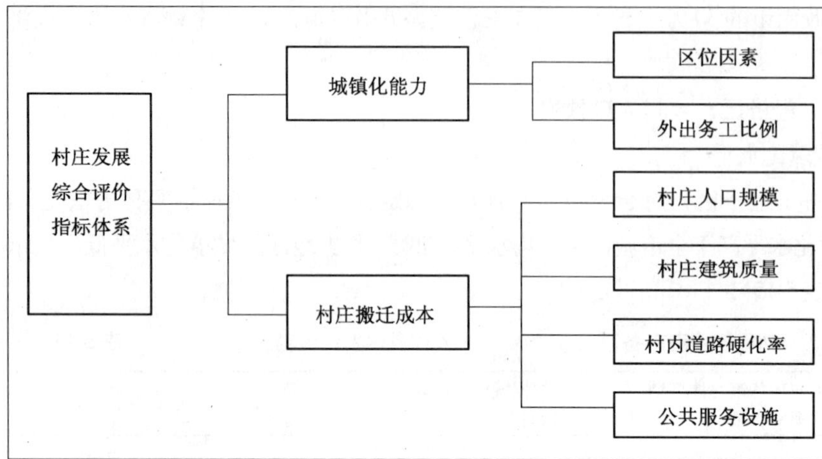

3）各镇（街办、经济区）乡村人口

用修订以后的各镇（街办、经济区）总人口和城镇化水平，即可预测各镇（街办、经济区）乡村人口。

5.4　胶南市各乡镇内村庄发展评价

在胶南市村庄体系重构规划中，从城镇化能力和村庄搬迁成本两个方面对村庄进行了发展综合评价。下面以胶南市灵山卫街办为例，介绍胶村庄发展综合评价。

5.4.1　村庄发展综合评价指标体系

根据胶南市村庄发展特征和指标体系设计原则，建立了由目标层、系统层和指标层组成的评价指标体系。目标层为村庄发展综合评价；系统层包含城镇化能力和村庄搬迁成本；指标层则由区位因素、外出务工比例、村庄人口规模、村庄建筑质量、村内道路硬化率和公共服务设施六个指标进行判定（图 5-16）。

5.4.2　村庄城镇化能力影响评价

村庄城镇化能力评价主要考虑村庄区位和外出务工比例两个因素。区位因素反映外部要素对村庄城镇化的影响，主要考虑中心城和镇规划区、经济发展走廊以及自然保护区、风景旅游区等对村庄发展的影响；外出务工比例反映了自下而上的城镇化能力。

（1）指标内容及其说明

1）区位因素

自然保护区、风景旅游区、历史文化遗址、资源埋藏区等涉及的村庄数量较少，且对村庄的保留、搬迁有决定性的影响，应作为特殊情况处理。因此，区位因素主要分析中心城和镇的规划区、经济发展走廊对村庄的影响。其中，规划区分为中心城和镇的远期规划区和远景规划区；经济发展走廊是指中心城和镇的经济走廊和重要交通轴线。

根据实践经验，结合专家打分，确定不同区位的村庄城镇化影响力，如表5-16所示。

不同区位村庄城镇化影响力　　表5-16

	建成区	规划区	远景规划区	发展走廊	一般地区	发展受限区
中心城区	11	9	5	6	3	1
镇驻地	9	7	5			

通过整理胶南市以及各乡镇（街办、经济区）总体规划，各镇（街办、经济区）驻地规划、经济发展轴线，可以区别出不同类型的村庄，如表5-17、表5-18所示。

胶南市各镇（街办、经济区）驻地建成区、规划区涉及的村庄　　表5-17

镇（区）名称	建成区占用村庄	规划区占用村庄	远景规划区占用村庄
宝山镇	尚庄	瓦屋大庄、董庄、大陡崖	无
藏南镇	横河川、大马家疃	六合桥、上丁家洼	无
大珠山	朱家小庄	胡家小庄、山王	瓦屋村、王家
海青镇	海青村	坳里村	无
胶河经济区	伯乡	芦口	无
大场镇	周家村、大场、东丁家庄、前园村、风墩	韩家洼、坊上、青竹园、大楼子、小楼子	南辛庄、湾东、陈家小庄、李家小庄
黄山经济区	无	黄山镇、薛家庄、薛家店子、大王庄、邱家	无
泊里镇	泊里河东、泊里河西、泊里河北、泊里河南	邱家庄、蒋家庄、崔家庄、季家庄、小王家村、小刘家村、封家庄	无
大村镇	大村、中村、大村后村、大村前村、大村河北、南家	大尧、双墩、前尧、西南庄、西陈家、徐家官庄、新村	无
王台镇	东村、西村、中村、前村、庄家茔、住范	河南薛、郎中沟、河南邢、雒家、石梁杨、石梁刘、石梁唐、观里、崖逄、大杨家、小杨家、朱郭、前马、北马、井头、井头、魏家庄、前二沟、东法家庄、田家窑	无
琅琊镇	城东、城前、城西、城北	夏河城、东岭村、库山沟、营前、大皂户、北皂户	无
理务关镇	理务关		无
灵山卫镇	张家庄、西南村、西门外、东门外、北门外、朱戈庄、高家台、积米	蔡家庄、郑戈庄、赵家庙、柏果树、毛家山、花科子	无

续表

镇（区）名称	建成区占用村庄	规划区占用村庄	远景规划区占用村庄
六汪镇	六汪村、河北河村、崔戈庄、前六	六汪、河北、崔戈庄、前六汪、柳杭沟、找字庄	无
张家楼镇	张家楼村，苑庄村，东马家庄	岭前马家庄、秋七园、成家庄	大泮、庄家疃村、逄家台后、中滩、东滩、中崔家滩

胶南市经济发展轴涉及的村庄 **表 5-18**

发展轴名称	村庄名称		所属镇（街办）
	距发展轴小于1km的村庄	距发展轴1～2km的村庄	
国道	北柳圈、西柳圈、南柳圈、东漕汶、西漕汶、大朱阳、小朱阳、殷家洼子、河南薛、河南邢、郎中沟	雒家、天妃庙、张小庄、埠上、逄猛孙、逄猛王、逄猛张、田家窑	王台镇
	瓦屋村、王家村、朱家小庄、胡家小庄、黄石坎、大花口、小马家庄、刘家村、峡沟	山王、下泊、大新庄、扭杭、石屋子沟	滨海街办
	东李村、苑庄、东马家庄、大崔家庄、岭前马家庄、成家庄、小崔家庄、丁戈庄、海龙、东李村	秋七园、良家庄、阎家官庄、丁家寨、东寨、北寨、西寨、刘家草泊、范家草泊、中草泊、东草泊、西草泊、桃园、毕家沟	张家楼
	黄家营、小马家疃、六合桥、大马家疃、孙家屯、唐家庄、乜家庄、瓦屋	丁家皂户、上丁家、潘家庄、后沟、刘家庄、苿旺、小岭子、大柳家庄、岭南头	藏南镇
	小刘家庄、季家村、小王家村、崔家疃子、朱家河、邱家庄、崔家庄、东封家村、西封家村、丁莪家庄、周村、草桥、徐家官庄、西小滩、东小滩、徐家官庄、东庄、崖下上庄、庙后、庙东、西庄、湾崖、南庄、沙岭子、柳树底、信阳镇、朱家庄、海岱庄、甲滩	魏家庄、程家庄、三合村、蟠龙庵、李家庄、封家官庄、孙家庄、小滩、小溜、大溜、王家岭、岭南头	泊里镇
海岸线	泊果树、张家庄、大湾、两河	赵家庙、郑戈庄、辛屯	灵山卫
	山前	东华村	隐珠街办
	前小口子、后小口子	大新庄	滨海街办镇
	东崔家滩、中崔家滩	庄家疃、逄家台后、东潘村	张家楼镇
	车轮山后、曹家溜、山东头、台东头、台西头、小石家村、前桃园、胡家山、西杨家洼、蒲湾、陈家贡	西桥子、石家村、北桃园、中桃园、东杨家洼、刘家崖下	琅琊镇
	贡口、伊家圈、棋子湾、撒牛沟、尧头、小庄、丰台村、岚庙后、大岚、岚庙后	石崖、小滩、岭南头、后岚	泊里镇

2）外出务工比例

外出务工比例是指村庄外出务工人员占村庄全部劳动年龄人口的比例，该数据来源于村庄基本情况调查表。

根据上述对数据、指标解释说明，将灵山卫街办的各村城镇化能力现状数据进行汇总整理，结果如表5-19所示。

灵山卫街办各村城镇化能力现状数据汇总表　　表5-19

村庄名称	外出务工率（%）	城镇化能力	村庄名称	外出务工率（%）	城镇化能力
郑戈庄村	33.14	1	北街村	15.16	3
赵家庙	65.96	1	朱戈庄	7.78	9
大楼村	55.94	3	张家村	18.75	1
山子西村	84.62	3	毛家山村	70.48	7
蔡家村	67.58	7	小洼村	60.87	3
东街	41.34	3	西南囤	17.65	3
西南村	23.29	9	南街村	19.68	3
东门外	14.81	9	西街	50	3
北窑	78.95	3	柏果树村	37.5	1
李家河	24.39	3	开山口村	79.52	3
东赵家村	35.37	3	南门里村	1.79	3
黄石圈村	12.9	3			

（2）数据标准化

由于反映胶南市灵山卫街办村庄城镇化影响能力的两个指标的计量单位不同，所以不能直接进行综合指数计算，需要对两项指标的实际数值进行标准化处理。

根据前述标准化公式，对灵山卫街办各村城镇化能力现状数据进行标准化处理，将各指标单位统一为无量纲的形式（表5-20）。

灵山卫街办各村城镇化能力标准化后的数据　　表5-20

村庄名称	外出务工率	城镇化能力	村庄名称	外出务工率	城镇化能力
郑戈庄村	0.3785	0	蔡家村	0.7943	0.75
赵家庙	0.7747	0	东街	0.4775	0.25
大楼村	0.6537	0.25	西南村	0.2596	1
山子西村	1.0000	0.25	东门外	0.1572	1

续表

村庄名称	外出务工率	城镇化能力	村庄名称	外出务工率	城镇化能力
北　　窑	0.9315	0.25	小洼村	0.7133	0.25
李家河	0.2728	0.25	西南圈	0.1915	0.25
东赵家村	0.4054	0.25	南街村	0.2160	0.25
黄石圈村	0.1341	0.25	西　　街	0.5820	0.25
北街村	0.1614	0.25	柏果树村	0.4311	0
朱戈庄	0.0723	1	开山口村	0.9384	0.25
张家村	0.2048	0	南门里村	0.0000	0.25
毛家山村	0.8293	0.75			

通过标准化处理以后，所有指标变成无量纲形式，这样就可以对各指标进行综合指数计算了。

（3）权重的确定

各指标权重的确定采用的是层次分析法，即根据决策者的重视程度按各指标的重要性确定其权重。

通过咨询相关研究专家，结合实践经验，认为区位因素指标比外出务工比例指标更为重要，即区位因素与外出务工比例因素相比，是更为重要的因素。按照层次分析法权重分配的一般原理，区位因素重要程度是外出务工比例的9倍。由于此次城镇化能力评价仅有两个指标，这样就确定区位因素指标的权重为0.9，外出务工比例指标的权重为0.1。

（4）城镇化能力指数计算

利用城镇化能力公式，计算灵山卫街办各村城镇化能力综合指数。具体方法是将各村每项指标的标准化数值与该指标权重乘积相加而得到综合指数（表5-21）。

灵山卫街办各村城镇化能力指数　　表5-21

村　庄	城镇化影响能力	排　序	村　庄	城镇化影响能力	排　序
西南村	0.926	1	开山口村	0.3188	7
东门外	0.9157	2	北　　窑	0.3182	8
朱戈庄	0.9072	3	小洼村	0.2963	9
毛家山村	0.7579	4	大楼村	0.2904	10
蔡家村	0.7544	5	西　　街	0.2832	11
山子西村	0.325	6	东　　街	0.2727	12

续表

村　庄	城镇化影响能力	排　序	村　庄	城镇化影响能力	排　序
东赵家村	0.2655	13	南门里村	0.225	19
李家河	0.2523	14	赵家庙	0.0775	20
南街村	0.2466	15	柏果树村	0.0431	21
西南囤	0.2441	16	郑戈庄村	0.0378	22
北街村	0.2411	17	张家村	0.0205	23
黄石圈村	0.2384	18			

5.4.3　村庄搬迁成本评价

(1) 指标内容及其说明

从村庄人口规模、建筑质量、道路硬化率以及公共服务设施四个指标评价胶南市灵山卫街办各村庄的搬迁成本。

① 人口规模——指村庄人口总数，数据来源于2006年胶南市统计年鉴。

② 建筑质量——指1995年以后建造房屋数与村庄房屋总数之比，其数据来源于村庄基本情况调查表。

③ 道路硬化率——指村庄已硬化道路长度与村庄道路总长度之比，其数据来源于村庄基本情况调查表。

④ 公共服务设施——是指村庄是否拥有小学和集市，有小学或者集市的村庄为1，两者都没有的为0，两者都有的村庄为2，其数据来源于村庄基本情况调查表。

根据上述指标说明，对灵山卫街办的各村搬迁成本现状数据进行汇总整理，结果如表5-22所示。

灵山卫街办各村庄搬迁成本数据汇总表　　表5-22

村庄名称	人口规模（人）	建筑质量（%）	路面硬化率（%）	小学/市场
郑戈庄村	1178	0	0	0
赵家庙	797	64.47	83.33	1
大楼村	236	15	0	0
山子西村	375	32.19	61.42	0
蔡家村	571	31.14	30.88	0
东街	1680	32.08	85.71	0
西南村	936	47.32	33.33	0

续表

村庄名称	人口规模（人）	建筑质量（%）	路面硬化率（%）	小学/市场
东门外	748	36.07	34.62	0
北　窑	306	54.33	0	0
李家河	373	40	56.9	0
东赵家村	596	28.37	13.49	0
黄石圈村	621	54.83	0	1
北街村	1205	26.29	17.53	0
朱戈庄	854	15.76	16.67	0
张家村	554	26.01	0	0
毛家山村	408	18.02	0	0
小洼村	440	31.32	0	0
西南疃	1332	20.65	65.22	0
南街村	569	41.8	13.53	0
西　街	1204	40.38	0	0
柏果树村	823	0	0	0
开山口村	607	35.9	0	0
南门里村	1152	38.14	33.33	0

（2）数据标准化

灵山卫街办村庄搬迁成本评价体系中，4个指标的计量单位各不相同，所以不能直接进行综合指数计算。为了解决各指标不同量纲无法综合计算的问题，需要对各项指标的实际数值进行标准化处理。

根据数据标准化公式，对灵山卫街办各村搬迁成本现状数据进行标准化处理，将各指标单位统一为无量纲的形式（表5-23）。

灵山卫街办各村搬迁成本标准化后数据　　表5-23

村庄名称	人口规模	建筑质量	路面硬化率	小学/市场
郑戈庄村	0.6524	0	0	0
赵家庙	0.3885	1	0.9722	1
大楼村	0	0.2327	0.0000	0
山子西村	0.0963	0.4993	0.7166	0
蔡家村	0.2320	0.4830	0.3603	0

续表

村庄名称	人口规模	建筑质量	路面硬化率	小学/市场
东街	1	0.4976	1	0
西南村	0.4848	0.7340	0.3889	0
东门外	0.3546	0.5595	0.4039	0
北窑	0.0485	0.8427	0	0
李家河	0.0949	0.6204	0.6639	0
东赵家村	0.2493	0.4400	0.1574	0
黄石圈村	0.2666	0.8505	0.0000	1
北街村	0.6711	0.4078	0.2045	0
朱戈庄	0.4280	0.2445	0.1945	0
张家村	0.2202	0.4034	0	0
毛家山村	0.1191	0.2795	0	0
小洼村	0.1413	0.4858	0	0
西南园	0.7590	0.3203	0.7609	0
南街村	0.2306	0.6484	0.1579	0
西街	0.6704	0.6263	0	0
柏果树村	0.4065	0	0	0
开山口村	0.2569	0.5568	0	0
南门里村	0.6343	0.5916	0.3889	0

通过标准化处理以后，所有指标变成无量纲形式，这样就可以对各指标进行综合指数计算了。

(3) 权重的确定

通过专家咨询，确定指标相对重要程度，并赋予一定数值，如表5-24所示。

村庄综合评价指标相对重要程度赋值一览表　　表5-24

指标	人口规模	建筑质量	道路硬化率	公共设施
人口规模	1	3	7	5
建筑质量	1/3	1	5	3
道路硬化率	1/7	1/5	1	3
公共设施	1/5	1/3	1/3	1

根据各指标相对程度的赋值，求各指标的相对权重，如表5-25所示。计算具体步骤与方法可以参考第2章相关内容。

计算各指标相对权重　　表5-25

指　　标	A_{ij}	W_i
人口规模	3.2010	0.5692
建筑质量	1.4953	0.2659
道路硬化率	0.5411	0.0962
公共设施	0.3861	0.0687

（4）综合指数计算

利用公式，计算胶南市灵山卫街办各村搬迁成本综合指数。具体方法是将各村每项指标的标准化数值与该指标权重乘积相加而得到综合指数（表5-26）。

灵山卫街办各村搬迁成本综合指数　　表5-26

村　庄	搬迁成本	排　序	村　庄	搬迁成本	排　序
东　街	0.7977	1	蔡家村	0.2951	13
赵家庙	0.6493	2	开山口村	0.2943	14
西南囤	0.5904	3	李家河	0.2828	15
南门里村	0.5558	4	东赵家村	0.2741	16
西　街	0.5481	5	山子西村	0.2565	17
北街村	0.5101	6	北　窑	0.2517	18
西南村	0.5085	7	张家村	0.2326	19
黄石圈村	0.4466	8	柏果树村	0.2314	20
东门外	0.3894	9	小洼村	0.2096	21
郑戈庄村	0.3713	10	毛家山村	0.1421	22
朱戈庄	0.3273	11	大楼村	0.0619	23
南街村	0.3188	12			

5.5 胶南市各乡镇内保留村庄选择

5.5.1 保留村庄调整

在完成村庄发展评价之后，需要从村庄与中心城、镇驻地规划区的关系，以及村庄布局模式对初步提出的保留村庄进行调整（图5-17）。

图 5-17 村庄体系规划调整思路图

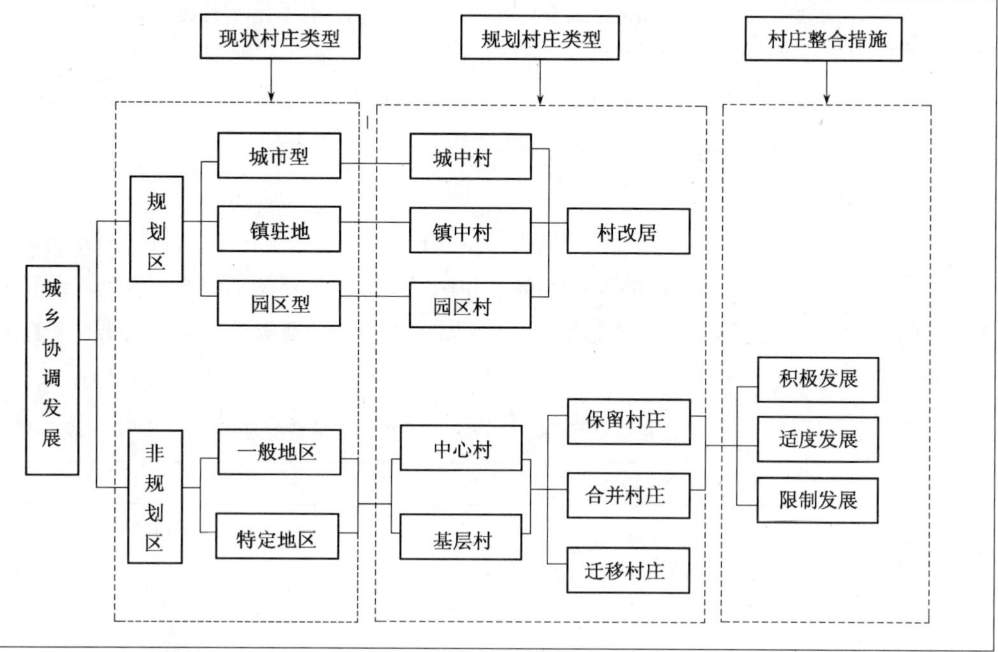

(1) 规划区内的村庄

规划区内的村庄，包括：

1）处于镇（街办、经济区）驻地建成区的村庄；

2）处于镇（街办、经济区）远期2020年规划区的村庄；

3）处于镇（街办、经济区）远景规划区的村庄。

对于建成区内的村庄和规划区内的村庄，原则上以村改居为主，以便为城镇发展腾出空间。但是，也存在部分规划区内居民向村民安置点迁移的现象。对于远景规划区内的村庄，视情况而定。

(2) 非规划区内的村庄

1）中心村与基层村选择依据

根据山东省的相关规定，结合胶南市村庄发展情况，本规划原则确定人口少于500人的村庄不予保留。剩余村庄中，可利用以下方法来选出中心村与基层村。

第一步，搬迁成本比较。规划确定的中心村和基层村，首先应属于其搬迁成本相对较高的村庄。

第二步，城镇化能力比较。在搬迁成本相同的情况下，规划确定的中心村和基层村应该是城市能力相对弱的村庄。

第三步，交通条件比较。在搬迁成本和城市能力相当的情况下，规划确定的中心村和基层村，最好位于交通走廊上。

第四步，布局合理性比较。在以上条件均相同的情况下，规划确定的中心村和基层村，还应该为撤销村庄的居民提供一定时期的服务。

2）设置标准

根据镇（街办、经济区）综合发展能力的差异和城镇化水平的不同，将它们分成3个类型，并分别制定中心村和基层村的设置标准。其中，Ⅰ类地区主要是指街道办事处、设有市级工业区的镇；Ⅱ类地区主要是指位于区域经济发展走廊上的镇；Ⅲ类地区主要是指处于丘陵地区、交通不便的镇（表5-27）。

胶南市各镇（街办、经济区）各类村庄设置标准 **表5-27**

地区类型	Ⅰ类地区	Ⅱ类地区	Ⅲ类地区
镇（街办、经济区）	王台镇、灵山卫街办、滨海街办、琅琊镇、铁山街办	泊里镇、张家楼镇、海青镇、藏南镇、大村镇	大场镇、胶河经济区、六汪镇、理务关镇、宝山镇
中心村	>2000人	>1500人	>1000人
基层村	>800人	>800人	>500人

3）整合措施（表5-28）

胶南市不同类型村庄整合的措施 **表5-28**

城镇化能力	搬迁成本	调整对策
弱	高	保留并且积极或适度发展
弱	低	迁移
强	高	保留但控制发展或者合并
强	低	迁移

注：迁移是指整体撤除搬迁到其他村庄；合并是指将两个以上，用地连片村庄进行行政体制合并；保留的村庄可以分为积极发展、适度发展和控制发展三种类型。

(3) 村庄布局模式

在村民出行机动化程度不断提高的情况下，过于强调耕作半径在村庄布局中的作用，是均衡发展思想的具体表现，不利于农业生产的机械化、规模化和现代化。在经济发达地区，要打破耕作半径决定论，建立城镇化主导论，推行多元化的发展模式。

1）分散布局模式

依据中心地理论，根据农作物耕作半径，在平原农业区或丘陵农业区采取分散布局模式。

平原农业区，村镇体系形成镇——中心村——基层村的等级结构，其中中心村围绕镇驻地布局，而基层村按照中心地模式，分布在镇驻地或中心村外围。

丘陵农业区，村镇体系同样形成镇——中心村——基层村，其中中心村分布在市域交通走廊或者通向镇驻地的交通沿线上；受地形条件限制，基层村主要分布在中心村周围的交通沿线上，以方便村民出行。

2）相对集中布局模式

工业农业混合经济区，村镇体系为镇——中心村或者镇——中心村——基层村，中心村或基层村分布在主要交通走廊上形成点轴布局模式。

3）集中布局模式

工业经济区，村镇体系为镇——中心村，因为经济发达，城镇化进程较快，村庄的数量少，形成了类似增长极的布局模式。

5.5.2 乡镇保留村庄

(1) 宝山镇

宝山镇现有行政村44个，规划保留村庄21个，其中中心村7个，基层村14个，如表5-29、表5-30，图5-18所示。

宝山镇保留村庄一览表 **表5-29**

类别	数量	村庄名称
中心村	7	柳家屯、大张八村、张八朱村、从家屯、大窝洛、李家沟、前沟
基层村	14	西山前、金槽沟、吕家、埠石村、抬头村、王家小庄、下柴、上柴、罗戈庄、黄山后、胡家、金沟、白家屯、东宅科
合计	21	

宝山镇村庄布局调整 **表5-30**

类别		村庄名称
保留村庄	积极发展	大窝洛、大张八村、从家屯、上柴、罗戈庄、西山前、金沟、东宅科
	适度发展	李家沟、前沟、柳家屯、黄山后、胡家、王家小庄、吕家、下柴
	限制发展	金槽沟、埠石村、抬头村、白家屯
合并村庄		张八朱村+尚庄，合并为张八朱村
村改居		大陡崖、董庄、瓦屋大庄、宝山、河北、崔戈庄、前宝山、柳行沟、找字庄
迁移村庄		陈朱屯、荒庄村、金岭、尚庄、小张八村、庙王家、薛家沟、小窝洛、向阳、东山前、付家庄、中山前、肖家屯、冷家、雷家庄、小陡崖、前沟、腾家、林子村

图 5-18　宝山镇保留村庄规划图

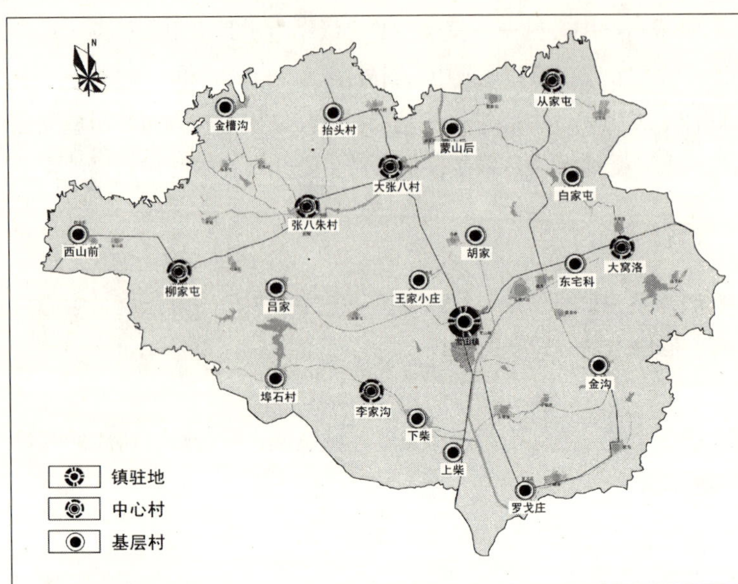

(2) 滨海街办

滨海街办现有行政村 37 个，规划保留村庄 14 个，其中中心村 5 个，基层村 9 个，如表 5-31、表 5-32 所示。

滨海街办镇保留村庄一览表　　表 5-31

类　别	数　量	村　庄　名　称
中心村	5 个	海崖、宅科、石板河、东古阵营、小马家庄
基层村	9 个	顾家崖、乔家洼、鱼池、小口子村、东山张、大新庄、扭杭、黄石坎、峡沟村
合计	14 个	

滨海街办镇村庄布局调整　　表 5-32

类　别		村　庄　名　称
保留村庄	积极发展	海崖、宅科、石板河、东古阵营、渔池
	适度发展	小马家庄、乔家洼、东山张、大新庄、扭杭
	限制发展	顾家崖、黄石坎、峡沟村
合并村庄		后小口子 + 前小口子，合并为小口子村
村改居		瓦屋村、王家村、刘家小庄、市甲、阡上、胡家小庄、山王、高峪、土朱、南小庄
迁移村庄		凤凰村、台子沟、营北村、营海、碧玉村、龙门顶、湘子门、曲家园、下泊、刘家村、石屋子沟、大桥、大花口村

图 5-19　泊里镇保留村庄规划图

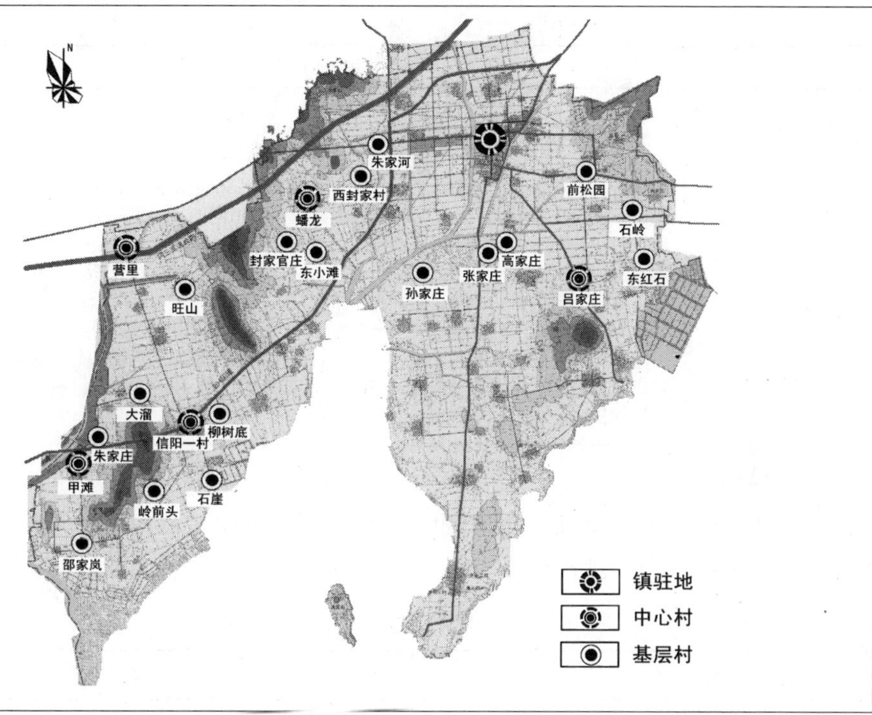

（3）泊里镇

泊里镇现有行政村 101 个，规划保留村庄 23 个，其中中心村 5 个，基层村 18 个，如表 5-33、表 5-34，图 5-19 所示。

泊里镇保留村庄一览表　　**表 5-33**

类　别	数　量	村　庄　名　称
中心村	5 个	马家庄、蟠龙庵、菜园、信阳村、甲滩
基层村	18 个	东红石、尹家村、前松园、高家庄、张家庄、孙家庄、朱家河、西封家村、西小滩、封家官庄、营里、旺山、柳树底、大溜村、朱家庄、邵家岚、岭前头、石崖
合计	23 个	

泊里镇村庄布局调整　　**表 5-34**

类　别		村　庄　名　称
保留村庄	积极发展	蟠龙庵、菜园、甲滩、东红石、封家官庄、西小滩、旺山、朱家庄、邵家岚、岭前头
	适度发展	前松园、朱家河、西封家村、孙家庄、张家庄、高家庄、马家庄、尹家村、营里、柳树底
	限制发展	石崖

续表

类　别	村　庄　名　称
合并村庄	信阳一村 + 信阳二村 + 信阳三村，合并为信阳村 大溜村 + 小溜村，合并为大溜村
村改居	草桥、小刘家庄、崔家疃子、封家庄、李家村、小王家庄、蒋家庄、邱家庄、崔家庄、魏家庄、程家庄、董辛庄、三合村、泊里河东、泊里河西、泊里河北、东封家村、棋子湾、庙后、西庄、南庄、东庄、上庄、庙东、湾崖、尧头一村、尧头二村、尧头三村、尧头四村、魏家滩、代家庄、常河店、黄家庄、董大庄、麦墩、口上、肖家贡、长松庄、管家庄、营东头、营上、丰台村、小庄、撒牛沟、尹家村、贡口
迁移村庄	沐官岛、后岚、小摊、岚庙后、大岚、苗家岭、耿家岚、海岱庄、王家岭、前草场、徐家官庄、东小摊、定莪家庄、子良山后、前红石、西红石、吕家庄、石岭、董家小庄、米家庄、后松园、磊石、小塔山

(4) 藏南镇

藏南镇现有行政村 43 个，规划保留村庄 17 个，其中中心村 4 个，基层村 13 个，如表 5-35、表 5-36，图 5-20 所示。

藏南镇保留村庄一览表　　　　表 5-35

类　别	数　量	村　庄　名　称
中心村	4 个	于家官庄、韩家溜、唐家庄、高尔庄
基层村	13 个	岭西头、瓦屋、莱旺、小岭子、孙家屯、河崖村、西陡崖、丁家皂户、崖下、臧家庄、王家官庄、曾家官庄、刘卜疃
合计	17 个	

藏南镇村庄布局调整　　　　表 5-36

类　别		村　庄　名　称
保留村庄	积极发展	唐家庄、韩家溜、高尔庄、臧家庄、王家官庄、岭西头、小岭子
	适度发展	曾家官庄、崖下、丁家皂户、河崖村、莱旺
	限制发展	刘卜疃、于家官庄、孙家屯、西陡崖、瓦屋
合并村庄		无
村改居		上丁家洼、横河川、潘家庄、大马家疃、小马家疃
迁移村庄		大岭后、大沟、河西、崖上、西南地、贺吉沟、长阡沟高家山前、丁家松园、胡家庄、下丁家洼、丁家官庄、黄家营、石屋子沟、东陡崖子、六河桥、后沟、大端地、马栏、赵家沟、刘家庄、大柳家庄、岭南头、乜家庄

图 5-20 藏南镇保留村庄规划图

图 5-21 大场镇保留村庄规划图

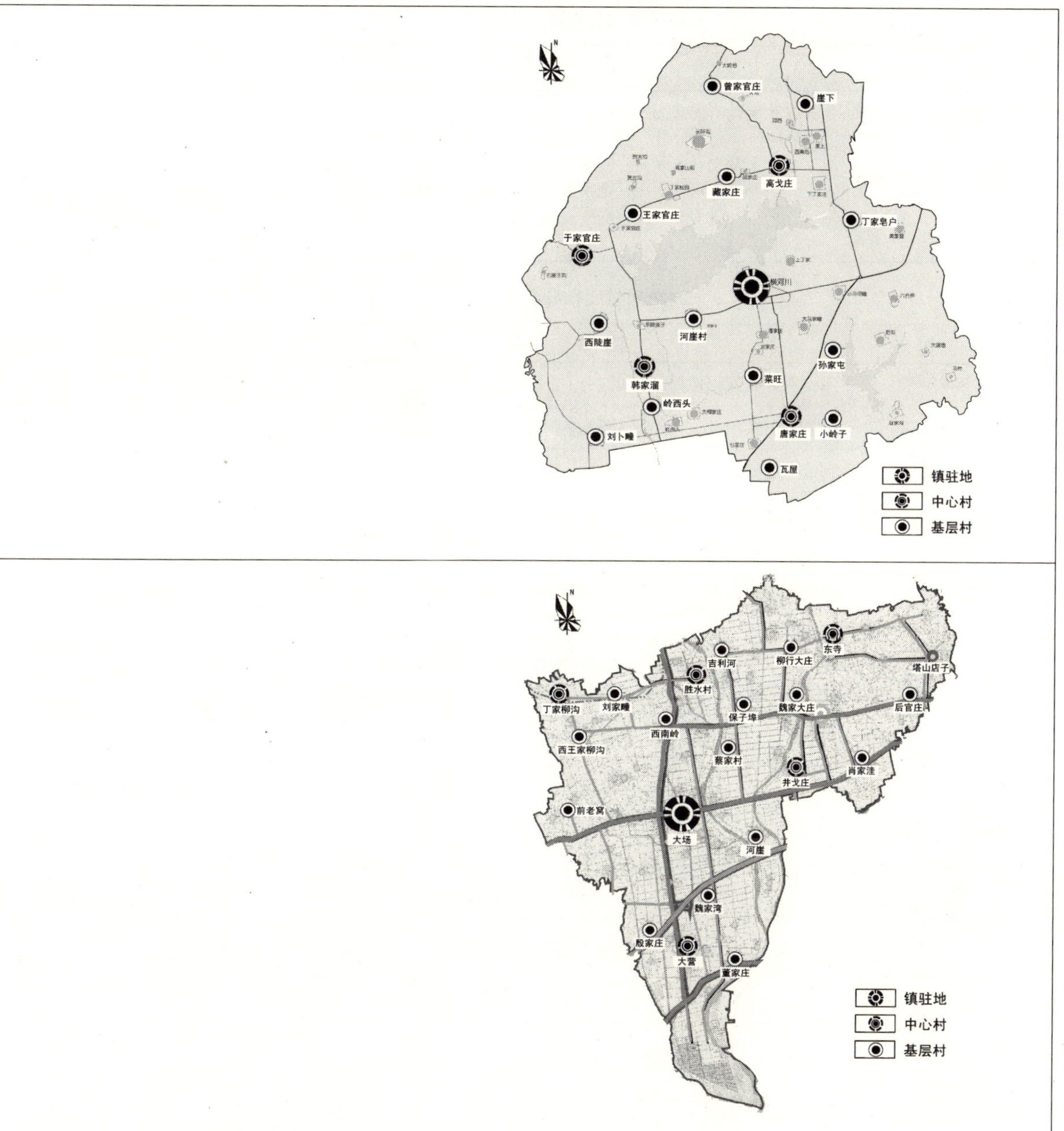

（5）大场镇

大场镇现有行政村 87 个，规划保留村庄 20 个，其中中心村 5 个，基层村 15 个，如表 5-37、表 5-38，图 5-21 所示。

大场镇镇保留村庄一览表 **表 5-37**

类　别	数　量	村　庄　名　称
中心村	5 个	丁家柳沟、大营、胜水村、井戈庄、东寺
基层村	15 个	西王家柳沟、前老窝、殷家庄、董家庄、河崖、魏家湾、西南岭、蔡家村、保子埠、吉利河、柳行大庄、魏家大庄、肖家洼、后官庄、刘家疃
合计	20 个	

大场镇村庄布局调整 **表 5-38**

类　别		村　庄　名　称
保留村庄	积极发展	井戈庄、大营、前老窝、柳行大庄、保子埠、后官庄
	适度发展	东寺、丁家柳沟、刘家疃、西王家柳沟、吉利河、魏家大庄、西南岭
	限制发展	殷家庄、董家庄、河崖、蔡家村、魏家湾
合并村庄		胜水河东＋胜水河北，合并为胜水村 肖家洼一村＋肖家洼二村＋肖家洼三村＋肖家洼四村合并为肖家洼
村改居		周家村、大场镇、东丁家庄、前园村、风墩、韩家洼、坊上、青竹园、大楼子、小楼子、南辛庄、湾东、陈家小庄、李家小庄
迁移村庄		金头岭、新大庄、新官庄、刘家大庄、西寺、南寺、驼沟、幸福村、小辛庄、淘金河、塔山店子、胜水西北、前进、王家屯、三庄、胜水河西、东王家柳沟、尹家柳沟、宋家柳沟、苏家庄子、凤凰庄、西丁家庄、后老窝、西老窝、大沟、张家大庄、前官庄、后河岔、坊上、河崖、前园村、河东、陈家屯、石河口、卜家庄、干河子、营南头、马家沟、小营、曾家村

(6) 大村镇

大村镇现有行政村 82 个，规划保留村庄 18 个，其中中心村 4 个，基层村 14 个，如表 5-39、表 5-40，图 5-22 所示。

大村镇保留村庄一览表 **表 5-39**

类　别	数　量	村　庄　名　称
中心村	4 个	市美、双庙、西北龙古、茂甲庄
基层村	14 个	皂户、耿家沟、王家前夼、东砚瓦、东龙古、龙潭、下藏马村、小庄、红草岭、重罗山、大石岭、西白马河、新乡村、宋家村
合计	18 个	

图5-22 大村镇保留村庄规划图

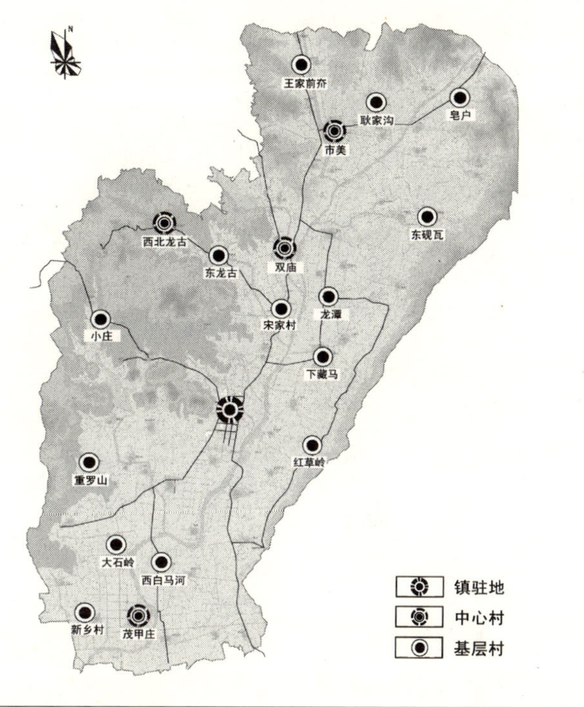

大村镇村庄布局调整 **表5-40**

<table>
<tr><th colspan="2">类　　别</th><th>村　庄　名　称</th></tr>
<tr><td rowspan="3">保留村庄</td><td>积极发展</td><td>双庙、王家前夼、宋家村、西白马河、皂户</td></tr>
<tr><td>适度发展</td><td>西北龙古、新乡村、东砚瓦、龙潭、东龙古、大石岭</td></tr>
<tr><td>限制发展</td><td>小庄、重罗山、耿家沟、红草岭</td></tr>
<tr><td colspan="2">合并村庄</td><td>前茂庄+茂甲庄，合并为茂甲庄
下藏马村+下藏马二村+下藏马三村，合并为下藏马村
北村、市美，合并为市美</td></tr>
<tr><td colspan="2">村改居</td><td>大村、中村、大村后村、大村前村、大村河北、南家村、大尧村、双墩村、前尧、西南庄、西陈家</td></tr>
<tr><td colspan="2">迁移村庄</td><td>店子、小庙口、尹家沟、前尹家沟、小河西、小泊、院前、西北砚瓦、西砚瓦、大河西、李家前夼、赵家前夼、胡家前夼、西茶沟、东茶沟、西北河崖、桑行、李家河崖、刘家河崖、田庄、丁家洼、胡家沟、黄岭、上藏马、李家村、中村、龙古前、前龙古、桃山、林子、孟家村、蔡家沟、新村、横山后、大桥、庙子、韩家庄、河外、小石岭、李家埠、丁石桥、小白马河、东白马河、斜屋、塔山坡、草场、孟家官庄、河东崖、广家庄、岭南庄</td></tr>
</table>

图 5-23　胶河经济区保留村庄规划图

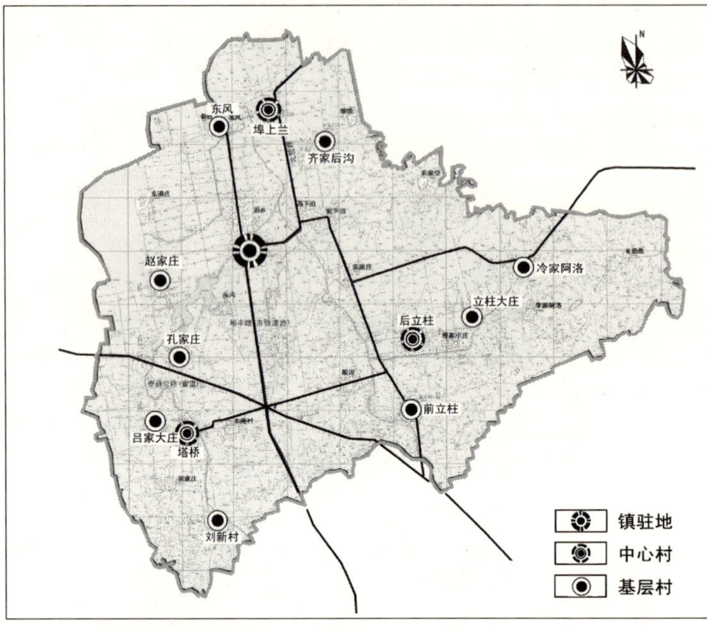

（7）胶河经济区

胶河经济区现有行政村 32 个，规划保留村庄 12 个，其中中心村 3 个，基层村 9 个，如表 5-41、表 5-42，图 5-23 所示。

胶河经济区镇保留村庄一览表　　表 5-41

类　别	数　量	村　庄　名　称
中心村	3 个	埠上兰、后立柱、塔桥
基层村	9 个	冷家阿洛、孔家庄、刘新村、齐家后沟、立柱大庄、前立柱、赵家庄、吕家大庄、东风村
合计	12 个	

胶河经济区镇村庄布局调整　　表 5-42

类　别		村　庄　名　称
保留村庄	积极发展	埠上兰、塔桥、冷家阿洛、孔家庄
	适度发展	后立柱、刘新村、齐家后沟
	限制发展	立柱大庄、前立柱、赵家庄、吕家大庄
合并村庄		东风村＋新胜村，合并为东风村
村改居		柏乡一村、柏乡二村、柏乡三村、灰沟、芹口、西下泊、丰美庄、栾家庄、胶河村
迁移村庄		常家庄、东涝庄、西涝庄、齐家庄、殷家庄、侯家小庄 李家阿洛、屯里集

图 5-24 琅琊镇保留村庄规划图

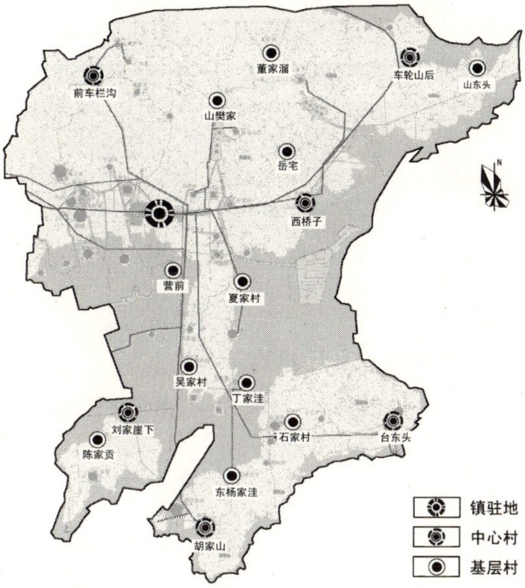

(8) 琅琊镇

琅琊镇现有行政村 59 个，规划保留村庄 19 个，其中中心村 6 个，基层村 13 个，如表 5-43、表 5-44，图 5-24 所示。

琅琊镇保留村庄一览表 **表 5-43**

类　别	数　量	村　庄　名　称
中心村	6 个	车轮山后、西桥子、前车栏沟、刘家崖下、胡家山、台东头
基层村	13 个	东杨家洼、斋堂岛、石家村、陈家贡、王家村、丁家洼、夏家村、营前、甸王家、山樊家、董家溜、山东头、岳宅
合计	19 个	

琅琊镇村庄布局调整 **表 5-44**

类　别		村　庄　名　称
保留村庄	积极发展	石家村、吴家村、夏家村、前车栏沟、西桥子、刘家崖下
	适度发展	台东头、东杨家洼、营前、甸王家、岳宅、山樊家、董家溜、车轮山后
	限制发展	斋堂岛、山东头、陈家贡、胡家山
合并村庄		丁家洼 + 王家洼，合并为丁家洼

续表

类　别	村　庄　名　称
村改居	城东、城前、城西、城北、夏河城、东岭村、库山沟、大皂户、刘前、刘家安子、刘北、营后、毕家村
迁移村庄	台西头、蒲湾、中桃园、北桃园、前桃园、小石家村、胡崖、朱家村、尹家山、季家岭、滩头、西港头、翁沟、砚台地、翟家屯、刘家屯、逄家屯、北山、于家河、东皂户、卧龙村、黄道山、五龙沟、曹家溜、西杨家洼

(9) 理务关镇

理务关镇现有行政村33个，规划保留村庄14个，其中中心村3个，基层村11个，如表5-45、表5-46，图5-25所示。

理务关镇保留村庄一览表　　表5-45

类　别	数　量	村　庄　名　称
中心村	3个	戴家尧、代家庄、前王
基层村	11个	潘庄、新小庄、大亮马、皂户、白马社、大尚庄、西十字路、花根山、东十字路、团结、胜利
合计	12个	

理务关镇村庄布局调整　　表5-46

类　别		村　庄　名　称
保留村庄	积极发展	前王、潘庄、戴家尧
	适度发展	代家庄、大尚庄、白马社、西十字路、团结、胜利
	限制发展	新小庄、大亮马、花根山、东十字路、皂户
合并村庄		无
村改居		理务关
迁移村庄		高家庄子、芙蓉村、小尚庄、河西店、陈家村、官家英、黄泥崖、台家官庄、洼里、屯地、卫东、子罗、范家沟、后王家庄、和平、向阳、新建、红旗

(10) 灵山卫街办

灵山卫街办现有行政村29个，规划保留3个中心村，如表5-47、表5-48，图5-26所示。

灵山卫街办保留村庄一览表　　表5-47

类　别	数　量	村　庄　名　称
中心村	3个	郑戈庄、开山口、杨七岭
基层村	0	无
合计	3个	

图 5-25　理务关镇保留村庄规划图　　　　图 5-26　灵山卫街办保留村庄规划图

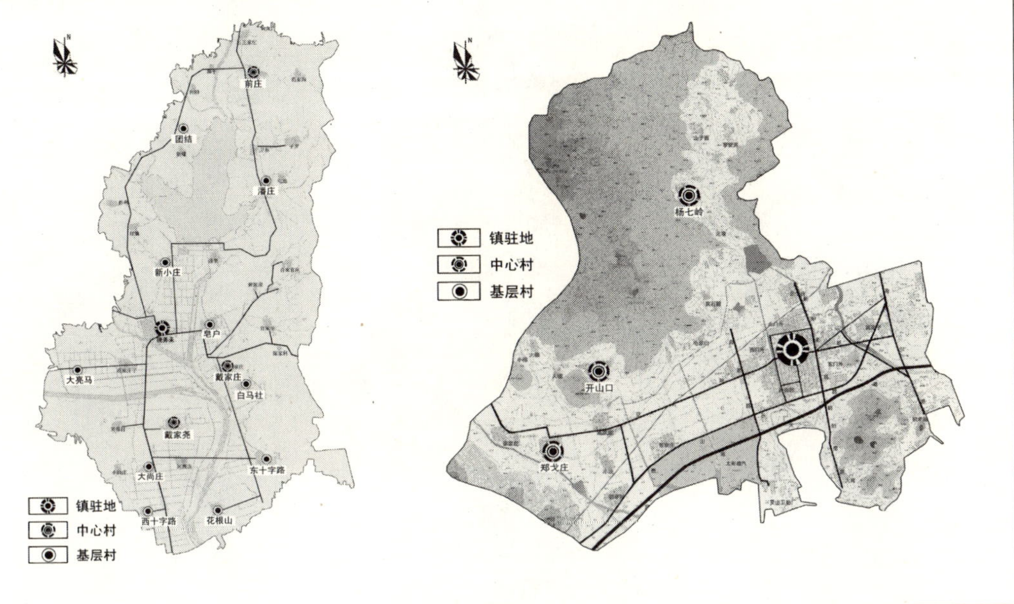

灵山卫街办村庄布局调整　　　　**表 5-48**

类别		村庄名称
保留村庄	积极发展	郑戈庄、开山口、杨七岭
	适度发展	无
	限制发展	无
合并村庄		无
村改居		蔡家庄、赵家庙、柏果树、张家庄、毛家山、高家台、花科子、西门外、东门外、北门外、西南村、朱戈庄、积米崖
迁移村庄		略

(11) 六汪镇

六汪镇现有行政村 43 个，规划保留村庄 17 个，其中中心村 5 个，基层村 12 个，如表 5-49、表 5-50，图 5-27 所示。

(12) 王台镇

王台镇现有行政村 52 个，规划保留村庄 12 个，其中中心村 3 个，基层村 9 个，如表 5-51、表 5-52，图 5-28 所示。

图 5-27　六汪镇保留村庄规划图

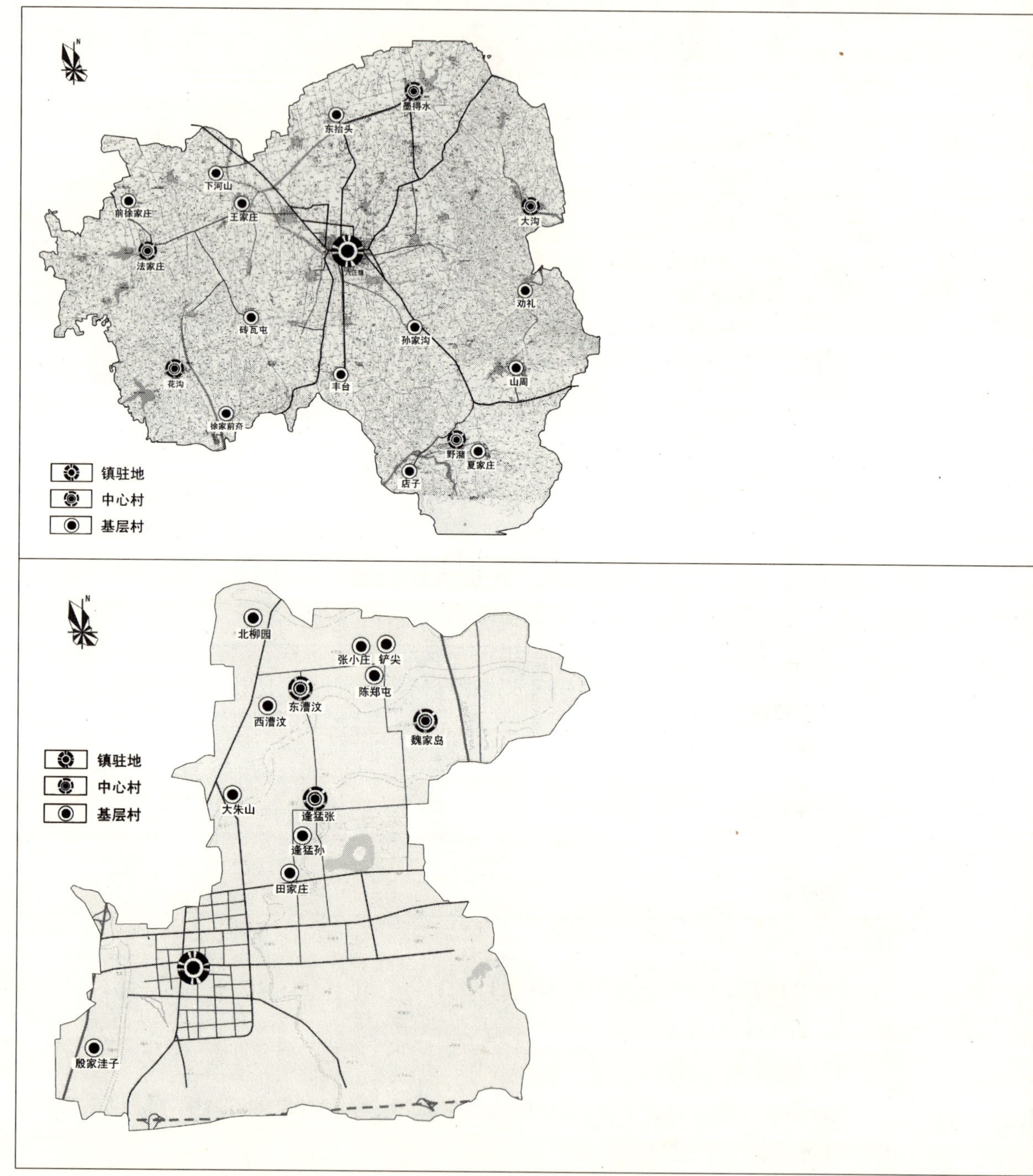

图 5-28　王台镇保留村庄规划图

六汪镇保留村庄一览表 表5-49

类　别	数　量	村　庄　名　称
中心村	5个	野潴、大沟、花沟、法家庄、墨得水
基层村	12个	店子、夏家庄、丰台、孙家沟、山周、劝礼、东抬头、砖瓦屯、王家庄、前徐家村（前徐＋后徐）、徐家前、不过涧
合计	17个	

六汪镇村庄布局调整 表5-50

类　别		村　庄　名　称
保留村庄	积极发展	法家庄、野潴、王家庄、山周、孙家沟、丰台、徐家前
	适度发展	大沟、店子、砖瓦屯、东抬头
	限制发展	花沟、劝礼、夏家庄、不过涧
合并村庄		墨得水一村＋墨得水二村＋墨得水三村合并为墨得水 前徐＋后徐合并为前徐家村
村改居		六汪、河北、崔戈庄、前六汪、流杭沟、找字庄
迁移村庄		拓涧村、小庙口、辛王村、东官庄、石屋沟、杨家屯 大庙口、杨家庄、石牛卧、小沟、下庄、西关庄、曹家沟 李家前、宋家、下河口、西抬头

王台镇保留村庄一览表 表5-51

类　别	数　量	村　庄　名　称
中心村	3个	马耳河、东漕汶、逄猛张
基层村	9个	北柳、西漕汶、逄猛孙、田家窨、大朱阳、张小庄 锌尖、殷家洼子、陈郑屯
合计	12个	

王台镇村庄布局调整 表5-52

类　别		村　庄　名　称
保留村庄	积极发展	北柳
	适度发展	东漕汶、西漕汶、大朱阳
	限制发展	逄猛孙、田家窨、殷家洼子、张小庄、锌尖
合并村庄		魏河＋庄河＋王河＋张河，合并为马耳河 埠上＋逄猛张＋逄猛王，合并为逄猛张 陈郑屯＋宗家屯，合并为陈郑屯
村改居		东村、西村、中村、前村、庄家茔、住范、河南薛、中沟、河南邢、各住家、石梁家、石梁刘、石梁唐、观里、崖逄、大杨家、朱郭、前马、北马、井头、魏家庄、前而沟、东法家庄
迁移村庄		小朱阳、西柳、天妃庙、南柳园、埠上、小朱阳、小杨家、石梁杨、井头、前二沟、前马连、郎中沟、雒家

（13）张家楼镇

张家楼镇现有行政村63个，规划保留村庄19个，其中中心村3个，基层村16个，如表5-53、表5-54，图5-29所示。

张家楼镇保留村庄一览表　表5-53

类　别	数　量	村　庄　名　称
中心村	3个	河头、潘家庄、大潘
基层村	16个	土山屯、西石岭、松山子、上疃、东碾头、刘家草泊村、丁戈庄、桃园、山家村、西安子、丁家寨、下村、大滩家村、逄家台后、小北沟、庄家疃
合计	19个	

张家楼镇村庄布局调整　表5-54

类　别		村　庄　名　称
保留村庄	积极发展	河头、潘家庄、大潘、丁家寨、丁戈庄
	适度发展	西石岭、逄家台后、小北沟、山家村、东碾头、上疃、松山子、庄家疃
	限制发展	土山屯、桃园、下村、西安子
合并村庄		中草泊+范家草泊+刘家草泊，合并为刘家草泊村 东滩+中滩+西滩+东潘，合并为大滩家村 西寨+丁家寨，合并为丁家寨
村改居		东马家庄、苑庄、张家楼村、成家庄、良家庄、大崔家庄、岭前马庄、秋七园、东李村
迁移村庄		西草泊、东草泊、西碾头、东南庄、河湾、山张、马家屋子、北安子、东马家庄、纪家店子、石河头、纪家沟、张家屯、王家洼子、小泥沟头、大泥沟头、东石岭、朱家屯、吕家屯、阎家官庄、小崔家庄、海龙、东窑、北寨、毕家沟、东安子、北安子、东南庄、东石岭、东李村、良家庄、成家庄、李家屯、阎家官庄、苑庄、张家楼村、中草泊、刘家草泊、大崔家庄、岭前、马家庄、东寨、西寨、北寨、秋七园

（14）海青镇

海青镇现有行政村64个，规划保留村庄24个，其中中心村7个，基层村19个，如表5-55，图5-30所示。

海青镇保留村庄一览表　表5-55

类　别	数　量	村　庄　名　称
中心村	7个	董家洼、小店子、狄家河、大芦疃、廒上村、鸿雁沟、大官庄
基层村	19个	臧家庄、后河西、黄山前、东蔡家、麻沟河、水泊子、后坡楼、徐家尧、东潮河、小芦疃、徐家洼、小岭、大岭、修七元、前显沟、大陈村、张黄崖、郭家桥、后显沟
村改居	8个	坳里、小陈庄、向荣村、辛店子、范家庄、徐官庄、卢官庄、海青村

图5-29　张家楼镇保留村庄规划图　　　　图5-30　海青镇保留村庄规划图

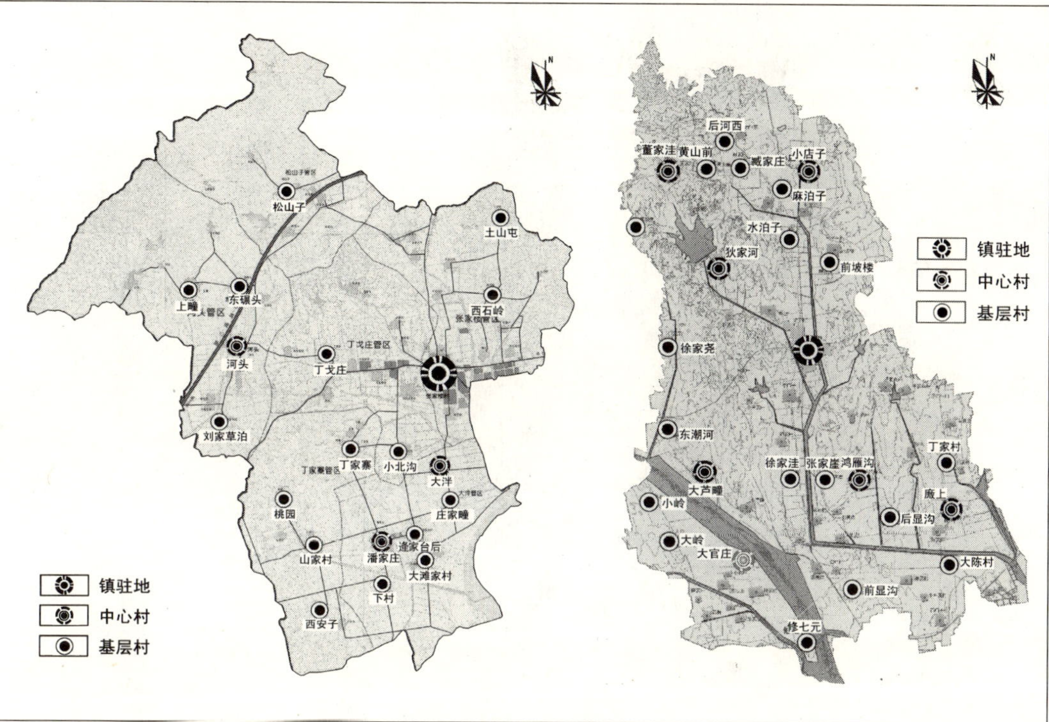

（15）铁山街办

铁山街办现有行政村43个，规划保留村庄8个，其中中心村3个，基层村5个，如表5-56，图5-31所示。

铁山街办保留村庄一览表　　　　表5-56

类　别	数　量	村　庄　名　称
中心村	3个	东南崖、苗家、郑家庙
基层村	5个	大下庄村、后辛庄、大于家村、别家、徐家大村
合计	8个	

备注：铁山街办现状中规模较大的村庄都已划入城市规划区内，剩余村庄多处于山区，规模较小，因此合并力度明显大于其他镇（街办）。

图 5-31 铁山街办保留村庄规划图

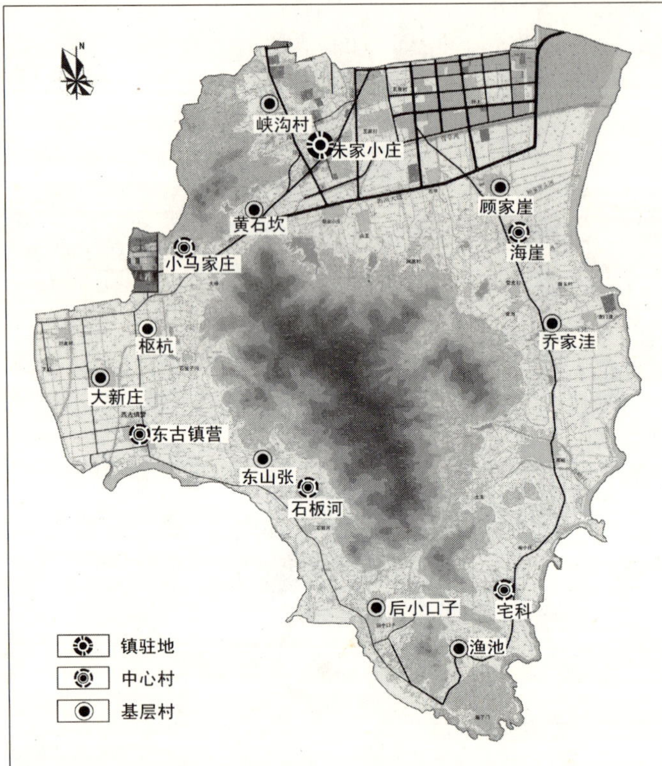

5.5.3 市域保留村庄

胶南市现状村庄 972 个，规划保留村庄总数为 243 个，其中中心村 66 个，基层村 177 个，如表 5-57、图 5-32 所示。

胶南市各镇（街办、经济区）保留村庄情况一览表 **表 5-57**

镇/街办区	中心村（个）	基层村（个）	村改居（个）
宝山镇	7	14	9
滨海街办	5	9	10
泊里镇	5	18	46
藏南镇	4	13	5
大场镇	5	15	14
大村镇	4	14	11
海青镇	7	19	8
胶河经济区	3	9	9

图 5-32　胶南市村庄体系重构规划图

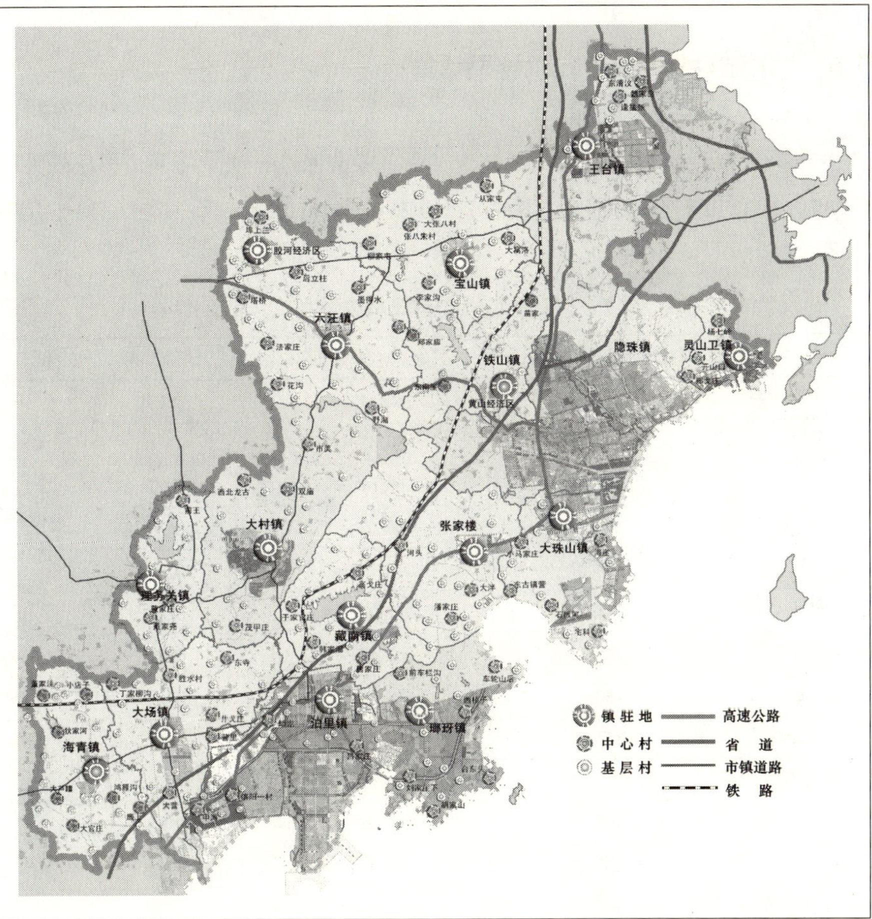

续表

镇/街办区	中心村（个）	基层村（个）	村改居（个）
琅琊镇	6	13	13
理务关镇	3	11	1
灵山卫街办	3	0	13
六汪镇	5	12	6
王台镇	3	9	23
张家楼镇	3	16	9
铁山街办	3	5	7
全市合计	66	177	184

5.6 胶南市村庄整合节地效果估测

5.6.1 村庄建设用地现状

根据对胶南市15个村庄用地调查发现，除曹家溜、法家庄两个村庄的人均建设用地低于100m²，其余13村庄人均建设用地介于100～160m²之间，13个村庄的中位数为127m²（表5-58）。

胶南市15个村庄用地现状　　单位：m²　　表5-58

	人均建设用地	人均宅基地	容积率	户均宅基地
大兰东村	127.84	68.51	0.23	167.17
小兰东村	110.16	59.45	0.3	184.23
薛家岭	162.54	69.61	0.27	219.88
王家村	139.89	60.42	0.36	145.34
菜园村	126.07	73.79	0.15	268.81
胜水河西	148.72	71.22	0.15	239.14
高家庄子	125.13	62.47	0.19	196.04
皂户	130.43	58.45	0.19	197.7
藤家村	157.28	76.09	0.15	222.72
秦家庄	110.37	55.11	0.7	177.75
东灰村	101.05	57.98	0.28	183.37
崖下	127.23	66.57	0.19	186.39
曹家溜	83.72	46.18	0.34	161.09
红草岭	153.17	73.65	0.2	205.71
法家庄	92.61	54.85	0.33	177.74

2006年胶南市村庄人口675879人，如果取胶南市村庄人均建设用地120m²，可以推测出胶南市村庄建设用地81km²；如果取胶南市村庄人均建设用地130m²，推测出胶南市村庄建设用地87km²。取两者的平均值，则胶南市村庄建设用地84km²

据此推测，胶南市村庄建设用地在85km²左右。

5.6.2 村庄建设用地规划

《山东省村庄建设规划编制技术导则》(2006）规定，平原地区城郊居民点人均建设用地面积不得大于90m²/人，其他居民点不得大于100m²/人；丘陵山区居民点人均建设用地面积不得大于80m²/人。

综合考虑村庄建设用地现状和山东省村庄建设标准，本次规划确定胶南市村庄人均建设用地为100m^2。根据村庄体系重构规划，2020年胶南市乡村人口30万人，则2020年胶南市村庄建设用地约30km^2。

5.6.3 规划区内的村庄建设用地估测

参照其他城市做法，胶南市规划区内的村庄实施“村改居”以后，其村庄原建设用地要实行统筹规划，其用途可以划分为三种类型：

一是，安置村民住宅建设的居住用地，按现有户籍在册人员，以人均土地面积不超过28m^2的标准核定；

二是，用于村民生产经营设施建设的生活保障用地，以人均土地面积不超过25m^2的标准核定；

三是，其余土地全部由政府统征储备。

根据村庄体系重构规划，胶南市域有184个村庄将实施村改居，实施村改居的农村人口共计307479人，其村民的居住用地为8.6km^2，生活保障用地为7.7km^2。

5.6.4 节地效果估测

胶南市现状村庄建设用地84km^2，其中规划期末村庄建设用地为30km^2，实施村改居村民居住用地为8.6km^2，生活保障用地7.7km^2，这样，通过村庄体系规划可整理出37.6km^2建设用地。

致谢

感谢山东省自然科学基金委员会对本项研究的支持（基金项目编号：2008BS08013）。感谢山东省城市规划工程技术中心对本项研究的支持！感谢胶南市规划局的余红副局长和卢刚书主任在《胶南市村庄布点研究》中对课题组的帮助！感谢律欣延女士，硕士研究生韩恩芳、胡文静绘制了本书的图片！

感谢哈尔滨工业大学建筑学院吕小勇博士、中国建筑工业出版社徐冉女士对本书出版给予的大力支持！